百问系列

绿色工程百问

一带一路环境技术交流与转移中心（深圳） 编

中国环境出版集团·北京

图书在版编目（CIP）数据

绿色工程百问/一带一路环境技术交流与转移中心（深圳）编. —北京：中国环境出版集团，2023.5
（百问系列）
ISBN 978-7-5111-5519-1

Ⅰ. ①绿… Ⅱ. ①一… Ⅲ. ①环境工程—问题解答
Ⅳ. ①X5-44

中国国家版本馆 CIP 数据核字（2023）第 093543 号

出 版 人 武德凯
责任编辑 雷 杨
封面设计 彭 杉

出版发行 中国环境出版集团
（100062 北京市东城区广渠门内大街 16 号）
网 址：http://www.cesp.com.cn
电子邮箱：bjgl@cesp.com.cn
联系电话：010-67112765（编辑管理部）
发行热线：010-67125803，010-67113405（传真）
印 刷 北京中献拓方科技发展有限公司
经 销 各地新华书店
版 次 2023 年 5 月第 1 版
印 次 2023 年 5 月第 1 次印刷
开 本 787×960 1/16
印 张 11.5
字 数 236 千字
定 价 68.00 元

编写委员会

主　　编：郝明途　禹芝文　王树堂　张海宏

副 主 编：兰远明　陈建兰

参　　编：董　芳　何萌芽　陈　蔚　王　莹　宋　沛
　　　　　胡璟琳　柳金阳　颜昌晶　张　蓉　杨　权
　　　　　戎伟君　阳汾桓　赵小锋

前言

绿色是“一带一路”的底色。2022 年 3 月，国家发展改革委等部门印发了《关于推进共建“一带一路”绿色发展的意见》(发改开放〔2022〕408 号)，并提出要统筹推进绿色基建、绿色能源、绿色交通、绿色金融等领域的合作，完善绿色发展合作平台，扎实开展绿色领域重点项目，形成示范带动效应。

为深入贯彻习近平在第三次“一带一路”建设座谈会上的重要讲话精神，全力助推绿色“一带一路”建设新发展，践行生态环境部和深圳市政府赋予的职能任务要求，一带一路环境技术交流与转移中心（深圳）组织编写了百问系列——《绿色工程百问》。全书共设置了 112 个问答，包括绿色工程相关的基础理论知识、绿色工程的发展现状、重大工程类项目的环境影响及环境保护机制、国内绿色工程相关的政策法规、国内外绿色工程相关的评估认定标准体系及绿色工程与“一带一路”

的内在联系，从多行业、多角度诠释绿色工程的内涵，本书为读者提供了解绿色发展新理念、新技术、新模式的素材，为各行业绿色发展提供经验借鉴和参考案例。

本书供相关行业交流参考，因成稿较早，如有遗漏、错引之处，敬请指正。

编　者

目录

第 4 章 国内绿色工程相关的政策法规 / 83

第 5 章 国内外绿色工程相关的评估认定标准体系 / 117

第1章

绿色工程相关的基础理论知识

“工程”是相对于自然的人造系统，是将自然科学理论运用到具体生产部门的实践总称。本章介绍绿色工程的基本概念，主要从绿色建筑、绿色施工、绿色能源、绿色电力、绿色交通、绿色工厂、绿色园区、绿色制造、绿色物流、绿色技术装备、绿色化工、绿色金融等不同维度阐述了绿色发展在第二产业的具体表现，以及拓展介绍绿色交通、绿色金融等第三产业的绿色发展。

1. 什么是绿色工程?

在当今世界，绿色发展已经成为社会发展的重要趋势，许多国家将发展绿色产业视为推动经济结构调整的重要举措，突出绿色的理念和内涵。党的十八届五中全会提出，坚持绿色发展，必须坚持节约资源和保护环境的基本国策，坚持可持续发展，坚定走生产发展、生活富裕、生态良好的文明发展道路，加快建设资源节约型、环境友好型社会，形成人与自然和谐发展现代化建设新格局，推进美丽中国建设，为全球生态安全作出新贡献。

绿色发展是将环境资源作为社会经济可持续发展的核心要素，以效率、和谐、持续为目标的经济增长和社会发展方式，是将经济活动的过程和结果进行绿色化及生态化的发展。绿色发展是在生态环境容量和资源承载力的约束条件下的一种模式创新，将环境保护作为实现可持续发展重要支柱。

工程作为经济发展的重要组成部分，涉及多个学科和行业。《中国百科大辞典》把工程定义为“将自然科学原理应用到工农业生产部门中而形成的各学科的总称”。在绿色发展的框架下，绿色工程是指充分应用现代科学技术，在工程建设中加强环境保护，推动清洁施工生产，持续改善和优化生态环境，以促进人与自然和谐发展，实现人口、资源和环境相互协调、相互促进，创造出质量优良、经济效益长久、具有较高的社会效益、有利于维护良好的生态环境和无污染的建设工程。绿色工程的不断改善和优化为人与自然和谐乃至全社会可持续发展提供了重要保障。目前，尚未有统一且权威的绿色工程定义。狭义、传统的绿色工程是以可持续发展为前提，在工程规划设计、建设施工、运营管理、实施评价阶段应用新标准、新技术、新产品以及新的管理模式。本书将绿色工程定义为“围绕可持续发展的中心目标，在国民经济重要行业中实施的绿色发展重大行动”[1]。

此外，绿色工程与新能源产业以及低碳工程在概念上也存在一定区别。新能源是指除持续能源如煤、石油、天然气等之外的能量形式。尽管一些新能源属于不可再生的化石能源，如页岩气、页岩油、可燃冰等，它们暂时提供了解决能源的替代方案，但由于资源的有限性，这些能源最终也会被消耗殆尽。出于长远考虑，人们提出了发展可再生的清洁能源，如太阳能、风能、海洋能、生物质能等。另外，还有一种新能源是原子能。而低碳工程更加侧重于有效减少人类活动所排放的碳。它涉及多个领域，如电力、交通、建筑、冶金、化工、石化等。低碳工程的主要内容包括可再生能源及新能源开发、煤炭的清洁高效应用、石油和天然气的勘探开发，以及二氧化碳的捕集与封存等。

2. 什么是绿色建筑?

绿色建筑是指环境好又可持续的建筑，它们既适应自然生态环境又不会对生态造成破坏。2019 年，我国颁布了《绿色建筑评价标准》（GB/T 50378—2019），按照安全耐久、健康舒适、生活便利、资源节约、环境宜居 5 类指标进行评估，并分为基本级、一星级、二星级、三星级 4 个等级。

深圳市蛇口邮轮中心是全国首批通过新国标三星级认证的项目。在 2020 年苏州绿博会上，该项目作为深圳市优秀绿色建筑，荣获国家绿色建筑三星级标识证书（图 1-1）。该项目先后通过了深圳市绿色建筑协会自主组织的专家现场审查，以及中国城市科学研究会、深圳市绿色建筑协会联合组织的专家评审会，创造了全国性团体和地方协会共同评审项目的先例。

近年来，深圳市高星级绿色建筑项目数量占比达 91.3%，绿色建筑评价标识项目累计达 1 388 个，建筑面积超过 1.3 亿 m^2，成为全国绿色建筑建设规模和密度较大的城市之一。

NO.PO339005C
(NO.202040BPO0333)

★★★

三星级绿色建筑标识证书
CERTIFICATE OF GREEN BUILDING LABEL

建筑名称：深圳蛇口邮轮中心

建筑面积：13.82万 m^2

完成单位：招商局蛇口工业区控股股份有限公司

评价指标	评价结果
建筑供暖空调负荷	降低17.78%
节水器具用水效率等级	1级
室内主要空气污染物浓度	降低20.00%
外窗气密性	符合GB 50189
非传统水源利用率	—
可再利用和可再循环材料利用率	15.13%
场地年径流总量控制率	—
绿色建材应用比例	50.00%
绿地率	30.01%
可再生能源利用率	≥80.00%

说明：

1. 评价依据《绿色建筑评价标准》(GB/T50378-2019)；

2. “评价指标”为代表性绿色建筑评价指标，整体评价要图《绿色建筑标识评价意见》；

3. 评价阶段：竣工。

有效期限：2020年01月[illegible]日—202[illegible]年01月01日
签发日期：2020年01月[illegible]日

图 1-1 深圳市蛇口邮轮中心荣获国家绿色建筑三星级标识证书

3. 什么是绿色施工？

根据《绿色施工导则》（建质〔2022〕223 号），绿色施工是指在保证质量、保证安全等基本要求的前提下，通过科学管理和技术服务，最大限度地节约资源，并减少对环境的负面影响，实现节能、节地、节水、节材和环境保护的目标。作为建筑全寿命周期的重要环节，绿色施工是实现建筑领域资源节约和节能减排的关键。绿色施工的实施应根据具体情况采取因地制宜原则，贯彻执行国家和地方上的相关政策。绿色施工不仅包括传统意义上的封闭施工、减少尘土和降低噪声污染，还涉及生态与环境保护、资源与能源利用、社会与经济发展等。

在绿色施工过程中，施工企业需要根据市场的发展要求，遵循环境和经济效益双赢的管理理念，全面分析传统管理工作中存在的不足，持续改良和优化管理内容和模式，确保施工质量，有效管控施工过程中的风险因素。同时，结合最新管理技术和传统管理手段，提升施工企业的管理能力；此外，施工企业还需考虑在施工过程中可能产生的环境污染问题，优化施工流程及模式，引入和应用绿色环保技术，减少污染源的产生，最大限度地降低环境污染，确保工程建设符合绿色施工标准，创造更多的经济效益和生态效益。

4. 什么是绿色能源?

绿色能源即清洁能源，主要是指不排放污染物、能够直接用于生产和生活的能源，它包括核能和可再生能源。绿色能源的概念包含三个方面：一是利用现代技术开发无污染的新能源，如太阳能、风能、潮汐能等；二是化害为利，充分利用城市垃圾、淤泥等废物中所蕴藏的能源；三是大量普及自动化控制技术和设备，提高能源利用率。自 1987 年以来，工业化国家利用太阳能、水能、风能和植物能源获得的电力相当于 900 万 t 标准煤的能量。1981—1991 年，工业化国家仅在风能和太阳能两种发电设备方面的成交额达到 120 亿美元，其中，美国、德国、日本、瑞典和荷兰等国家取得了较快的进展。

近年来，我国围绕转型跨越式发展的总体战略，一方面，以煤炭资源整合和煤矿兼并重组为抓手，巩固煤、提升煤；另一方面，以循环经济和转型升级为路径，延伸煤、超越煤，促进煤炭资源与先进理念、先进技术相融合，高端人才与高端资本相“嫁接”。煤炭生产的集约化、机械化、信息化程度显著提高，煤炭产业的清洁化、高端化、多元化不断增强，传统能源焕发新光彩，新型能源和工业基地建设呈现新态势。特别是煤炭清洁生产和就地转化能力显著提升，资源综合利用步伐加快，建成了全国最大的高浓度煤层气抽采利用基地和世界装机容量最大的煤层气发电厂，煤制油、煤液化、煤气化等产业链日益完善，形成多种资源循环利用模式。

5. 什么是绿色电力？

绿色电力是指利用特定的发电设备，将可再生能源如风能、太阳能等转化为电能。绿色电力有利于环境保护和可持续发展。相较其他行业，绿色电力发展日趋重视风力发电和太阳能光伏发电，并已在全球范围内广泛应用。自 2006 年起，世界 500 强企业纷纷向风力发电行业投入巨资。2012 年，我国已超过美国，成为世界第一风电大国，国家电网成为全球风电规模最大、发展速度最快的电网，其大电网运行大风电的能力处于世界领先水平。2013 年，我国光伏的国内装机容量一举超过德国，成为全球第一，从全面对标国际转为部分领跑国际。

2022 年年初，国家发展改革委、工业和信息化部（以下简称工信部）、住房和城乡建设部（以下简称住建部）、商务部等部门联合印发了《促进绿色消费实施方案》，提出要进一步激发全社会绿色电力消费潜力，鼓励行业龙头企业、大型国有企业、跨国公司等消费绿色电力，发挥示范带动作用，推动外向型企业、经济承受能力较强的地区逐步提升绿色电力消费比例。2022 年 8 月 22 日，工信部、国家发展改革委、财政部、生态环境部、住建部、国务院国有资产监督管理委员会（以下简称国务院国资委）、国家能源局七部门联合印发了《信息通信行业绿色低碳发展行动计划（2022—2025 年）》（以下简称《计划》）。《计划》强调，要鼓励企业积极使用绿色电力，推动畅通绿色电力采购渠道，建立绿色电力碳排放抵消机制，鼓励通过自建拉专线或双边交易、购买绿色电力证书等方式提高绿色电能使用水平，逐步提升绿色电力在整体能源消耗中的占比。

6. 什么是绿色交通？

绿色交通旨在缓解交通拥堵、减少环境污染、促进社会公平并合理利用资源。

其核心理念在于减少个人机动车辆的使用，特别是高污染车辆，并倡导步行、自行车和公共交通出行，以及采用清洁燃料和车辆等措施[2]。深圳作为国家首批低碳试点城市和可持续发展议程创新示范区，始终坚持绿色发展理念，率先探索出一条绿色、低碳、高质量的发展道路。目前，深圳已基本建成以轨道交通为骨干、常规公交为支撑、出租汽车为补充、慢行交通为延伸的多层次公共交通体系。最新统计结果显示，深圳高峰期公共交通占机动化出行比例达 62.6%，城市交通绿色出行分担率达 77.4%，多项指标全国领先。

此外，深圳市还为新能源车辆多项优惠和便利服务，例如，新能源物流车享有首小时免费停车优惠，并在完成电子备案登记并接受监管后，可获得比同类型普通货车高一级别的通行路权。此外，新能源车辆及其驾驶人若在一年内无任何违法违规行为，可申请通行路权升级。充电桩作为新能源物流车推广使用的重要设施，在深圳得到积极推动。截至 2021 年年底，全市已建成 2.1 万个物流车专用充电桩，并划定了 10 个绿色物流区，以缓解城市配送车辆通行难和停靠难的问题。在“双碳”目标的引领下，深圳持续加强低碳交通运输体系建设，从公共交通、慢行系统、港口建设、环保快递等方面入手，让绿色理念深入人心，为城市交通绿色发展提供创新方案。

7. 什么是绿色工厂?

2015 年 5 月 8 日，国务院正式印发《中国制造 2025》行动纲领，该文件将全面推行绿色制造作为九大战略重点任务之一，并强调了建设绿色工厂的目标和实现厂房集约化、原料无害化、生产洁净化、废物资源化、能源低碳化。2016 年 9 月 20 日，工信部办公厅印发了《关于开展绿色制造体系建设的通知》（工信厅节函〔2016〕586 号），该通知着重强调了以促进全产业链和产品全生命周期绿色发展为目标，以企业建设为主体，并以公开透明的第三方评价机制和标准体系为基础，以确保绿色制造体系建设的规范和统一。该通知旨在建立高效、清洁、低碳、循环的绿色制造体系，将其打造成为制造业绿色转型升级的示范标杆和参与国际竞争的领军力量。

绿色工厂指的是实现了用地集约化、原料无害化、生产洁净化、废物资源化、能源低碳化的工厂。2018 年，我国首次制定并发布了《绿色工厂评价通则》（GB/T 36132—2018），明确了绿色工厂的定义，并从基本要求、基础设施、管理体系、能源资源投入、产品、环境排放、绩效等方面按照用地集约化、原料无害化、生产洁净化、废物资源化、能源低碳化的原则，建立了绿色工厂系统评价指标体系，提出了绿色工厂评价通用要求。该标准的发布有利于引导广大企业创建绿色工厂，推动工业绿色转型升级，从而更好地实现绿色发展。

深圳市从电子信息、医药、机械、汽车等重点行业中选取了一批基础较好、代表性较强的企业，通过企业节能降耗、清洁生产、资源综合利用等措施，积极推动绿色工厂的创建。截至 2023 年 5 月，国家已完成 6 批绿色工厂名单推荐认定工作，通过认定的绿色工厂已达 3 616 家，其中，深圳市有 62 家。

8. 什么是绿色园区？

为有效推进工业园区产业耦合，实现绿色生产及零排放，《中国制造 2025》提出到 2020 年建成百家示范绿色园区的目标。绿色园区是指符合绿色发展理念和绿色制造体系要求的工业园区，依据《绿色园区评价要求》，按规定程序通过评审后被授予相应称号。绿色园区强调突出绿色理念，侧重于园区内工厂之间的统筹管理和协同链接。绿色工业园区要在园区规划、空间布局、产业链设计、能源利用、资源利用、基础设施、生态环境、运行管理等方面贯彻资源节约和环境友好理念，实现园区布局集聚化、结构绿色化、链接生态化，推动园区内企业开发绿色产品，主导产业创建绿色工厂，龙头企业建设绿色供应链，实现园区整体的绿色发展。截至 2022 年 9 月，工信部公布的绿色园区总计 224 家，其中深圳市有 2 家，分别为广东福田保税区和深圳华丰国际绿色产业园。

2021 年，中共中央、国务院在《国务院关于加快建立健全绿色低碳循环发展经济体系的指导意见》指出，提升产业园区和产业集群的循环化水平是建立健全绿色低碳循环发展生产体系的重要内容之一。加快推动零碳产业园区建设被视为实施我国精准减排、实现碳达峰碳中和的关键举措。零碳产业园区是指在规划、建设、管理等方面系统性融入碳中和理念，综合利用节能、减排、固碳、碳汇等多种手段，通过产业绿色化转型、设施集聚化共享、资源循环化利用，在园区内部基本实现碳排放与吸收自我平衡，从而建设具有生产、生态、生活深度融合的新型产业园区[3]。截至 2023 年，零碳产业园区共分为 4 个类型，即循环经济工业园、生态工业园区、低碳工业园区、近零碳排放示范区。

9. 什么是绿色制造？

绿色制造是一种现代化的制造模式，其核心概念为在保证产品的功能、质量、成本的前提下，全面考虑制造过程对环境的影响和资源的效益，以最大程度地减少或消除环境污染，确保对生态环境无害或危害较小，同时实现资源利用率最高，能源消耗和污染排放最低。该模式覆盖了产品从设计、制造、使用到报废的整个生命周期，旨在通过充分利用新材料、新技术和新方法，实现制造业的节材、节约能源，减少各类对生态环境不利排放物，从制造过程的源头解决二氧化碳排放高的问题。绿色制造的终极目标是降低制造过程对环境的不利影响，提高资源利用效率，实现企业经济效益和社会效益的最优化并相互协调[4]。

《中国制造 2025》中明确提出，促进传统制造业的能效提升、清洁生产、节水治污、循环利用等专项技术改造；推动重大节能环保、资源综合利用、再制造、低碳技术产业化示范项目的开展；实施重点区域、流域等行业的清洁生产水平提升计划，扎实推进大气、水、土壤污染源头防治工作；制定绿色产品、绿色工厂、绿色园区、绿色企业标准体系，开展绿色评价。在此框架下，截至 2020 年，深圳市共有 1 家被工信部认定为工业产品绿色设计示范企业、2 家绿色制造系统解决方案供应商、21家绿色工厂、2个绿色园区、3家绿色供应链、16个绿色产品，此外，4家绿色数据中心进入了公示名单，绿色制造示范创建数量为历年之最。截至2021年年初，深圳市共创建了45家国家级绿色工厂、7家绿色供应链、2个绿色园区、71个绿色产品、8家绿色制造系统集成项目（含绿色制造系统集成解决方案供应商）、2家工业产品绿色设计示范企业。

10. 什么是绿色物流?

绿色物流是指在物流过程中减少对环境影响的过程，其目的在于实现物流环境的净化，使物流资源得到充分利用。绿色物流包括物流作业环节和物流管理全过程的绿色化。绿色物流作业环节包括绿色运输、绿色包装、绿色流通加工等。绿色物流管理全过程主要是从环境保护和节约资源的目标出发，改进物流体系，既要考虑正向物流环节的绿色化，又要考虑供应链上逆向物流体系的绿色化。绿色物流的最终目标是实现可持续发展，而实现这一目标的准则是统一经济利益、社会利益和环境利益。

相较于传统的物流模式，绿色物流在行为主体、活动范围和其理论基础3个方面具有显著特点：①绿色物流的行为主体更加广泛，不仅包括专业的物流企业、产品供应链上的制造企业和分销企业，还包括不同级别的政府和物流行政主管部门等；②绿色物流的活动范围更为广泛，不仅包括商品生产的绿色化，还包括物流作业环节和物流管理全过程的绿色化；③绿色物流的理论基础更为丰富，融合了可持续发展理论、生态经济学理论和生态伦理学理论。

11. 什么是绿色技术装备?

绿色技术装备是指能减少环境污染、降低能源消耗并改善生态环境的技术体系，是由相关知识、能力和物质手段构成的动态系统。作为支撑各行业绿色转型的关键和基础，绿色技术装备是推动工业向绿色高质量发展的不竭动力。自“十三五”时期以来，先进适用的绿色技术装备在各行业、各领域不断推广普及，供给能力大幅提升。

绿色技术装备是指根据环境价值，并利用现代科技的无污染的技术装备。绿色技术不仅包括单项技术，还包括技术群，涵盖了能源技术、材料技术、生物技术、污染治理技术、资源回收技术、环境监测技术以及从源头、过程加以控制的清洁生产技术。绿色技术又可分为以减少污染为目的的“浅绿色”技术和以处置废物为目的的“深绿色”技术。

在“双碳”目标的背景下，越来越多的技术装备企业更加注重“绿色”发展，推广应用绿色技术装备，对流通设施进行节能改造，促进绿色物流快速发展，从而更好地推动生产和生活方式向绿色低碳转型。未来，我们将进一步增加绿色低碳产品和绿色环保装备供给，引导绿色消费。例如，研发和推广应用高效加热、节能动力、余热余压回收利用等工业节能装备，扩大新能源汽车、光伏光热产品、绿色建材等的消费。同时，我们将加大先进适用绿色低碳技术的推广应用，遴选推广一批适用于工业园区的余热余压废热利用、智能光伏、分散式风电、污水处理、资源循环利用、清洁生产等绿色技术装备。

12. 什么是绿色包装?

绿色包装，即无公害包装，是指在对生态环境无污染、对人体健康无毒害的前提下，能够回收或再生复用，并符合可持续发展要求的包装。绿色包装产品从原材料选择、产品制造到使用、回收和废弃的整个过程均应符合生态环境保护的要求。

随着人们对快递便利的需求不断增长，快递包装物的使用量和废弃物的产生量也在迅速增加。为此，2020 年 7 月 28 日，国家市场监督管理总局等部门联合印发了《关于加强快递绿色包装标准化工作的指导意见》，全面部署未来三年我国快递绿色包装标准化工作。业内人士认为，随着我国快递业绿色包装标准的约束力逐步增强，适合绿色包装的可降解塑料的应用标准也日趋完善，相关产业将迎来发展机遇。

目前，我国已出台一系列在快递包装方面的标准，涉及快递封套、包装袋、包装箱、生物降解胶带、电子运单等方面，为支持快递业的绿色发展发挥了积极作用。但随着快递业的转型发展，在快递绿色包装新材料、新技术、新产品以及快递包装一体化运作等方面，还需要进一步制定相关标准。

13. 什么是绿色化工技术？

绿色化工技术是一种与现代化工业领域发展相契合的新兴技术。其应用性能相对广泛，主要通过运用绿色化工技术，借助绿色循环方式，对化学工程生产中不同种类废物、污染物进行回收与利用，转变为能够利用再生物质资源的工程技术[5]。

绿色化工技术致力于绿色化学原则的研发，旨在通过设计环境友好的化学反应路线，从源头防止环境污染。其核心目标在于设计化工工艺流程，实现物质和能量的闭路循环，以生产绿色化学产品，并确保化学反应和化工过程无环境污染。这一技术的应用将传统的化学工业转型为可持续发展的绿色化学工业。绿色化工技术的研发和应用过程极大地减少了对周围环境的危害，与当代可持续发展理念相契合。因此，它直接适用于环境友好型产品的生产和研究，并通过这些产品来调控整体能源。

综上所述，在化学生产过程中，相关部门非常关注环境友好型产品，落实绿色环境发展理念，扩展环境友好型产品的生产和推广范围，增强环境友好型产品的实际使用成效。此外，扩大对环境友好型商品的使用，如传统式车用汽油在人们日常生活当中使用较为广泛，汽油会危害环境生态，对人们的健康也会造成不良影响，对此，可利用新式商品进行替代，利用绿色化工技术研发绿色环保产品，例如，生物乙醇的生产，以天然甘蔗为原材料，代替车用汽油，缓解车用汽油对空气的污染。

14. 什么是绿色矿山？

绿色矿山是指在矿产资源开发全过程中，实施科学有序开采，对矿区周边生态环境扰动控制在可控制范围内，实现环境生态化、开采方式科学化、资源利用高效化、管理信息数字化和矿区社区和谐化的矿山。矿业活动中的废弃资源、自然资源、尾砂等一切资源应尽量被利用起来，防止对环境带来负面影响。19世纪，为应对矿山植被的破坏，英、美等发达国家提出了绿色矿山的概念。这一时期的绿色矿山仅停留在单纯地对矿区植被的保护上，以及对矿区周边环境的美化上，被划分为绿色矿山的第一阶段。

第二次世界大战以后，经济社会极速发展，自然资源的消耗速度前所未有。有识之士指出，地球的资源，特别是能源、矿产等资源是有限的，提高资源的利用率应该被列为重要的研究课题。因此，第二阶段的绿色矿山，从单纯的环境美化与保护延伸至矿产资源的综合利用。第三阶段的绿色矿山注重科学、和谐发展。当代工业文明对地球的污染与破坏已经引起了全人类的重视，节能减排与环境保护成为重要话题，全世界达成了科技创新是人类发展与进步的唯一途径的共识，以人为本是全世界共同认可的基本准则。鉴于此，中国适时提出科学发展，绿色矿山的理念也基本成熟。

绿色矿山理论包括可持续发展理论、绿色经济理论、循环经济理论、企业社会责任理论。可持续发展理论是指导现代经济社会发展的主要理论之一，研究矿山企业可持续发展是提升资源保障能力和环境保护水平的有效方法。在资源有限的生态系统中，线性生产模式的经济增长是不可行的，因此，矿业的可持续发展应首先满足国家战略的需求，并根据自身的发展模式和行业优势进行科学规划，以实现矿区经济持续发展和人与自然和谐共生。

15. 什么是绿色金融?

根据 2016 年 8 月 31 日中国人民银行等部门发布的《关于构建绿色金融体系的指导意见》，绿色金融是指为了支持环境改善、应对气候变化和资源节约高效利用的经济活动，包括环保、节能、清洁能源、绿色交通、绿色建筑等领域的项目投资、融资、运营以及风险管理等一系列金融服务。在全球范围内，绿色金融的发展模式主要是以英、美等发达国家为代表的市场化机制为主的模式，以及以中国和巴西等新兴市场国家为代表，政府管理和金融监管为主体的发展模式。随着时间的推移，这两种发展模式逐渐交叉融合，形成了政府和市场共同参与的发展格局。

我国的绿色金融产品涵盖绿色信贷、绿色基金和绿色债券等。绿色信贷又称环境融资或可持续融资，旨在通过科学分配资金与资源，围绕赤道原则，促进人类经济和环境的共同发展。我国的绿色金融主要以绿色信贷为主，相关政策包括《关于落实环保政策法规防范信贷风险的意见》《中国银行业绿色银行评价实施方案（试行）》《中国人民银行关于建立绿色贷款专项统计制度的通知》等。绿色基金致力于促进节能减排和低碳发展。2019 年，光大集团成立了“一带一路”绿色投资基金，通过与“一带一路”共建国家合作，增加绿色投资，从而促进全球经济可持续发展。绿色债券是指将资金用于支持绿色项目的债券工具。相比其他信用债券，绿色债券具有募集资金方式多、成本低、审核速度快等优势。2020 年，中国平安保险股份有限公司签署了《“一带一路”绿色投资原则》，为“一带一路”共建国家提供绿色债券，总融资规模超过 3 400 亿元，该项举措促进了地方经济发展。

为尽快实现“双碳”目标，中共中央、国务院于 2021 年 10 月印发了《关于完整准确全面贯彻新发展理念做好碳达峰碳中和工作的意见》，该意见明确指出，要积极推动绿色金融的发展，大力促进绿色金融产品和服务的推广应用，并构建和完善绿色金融标准体系。

第2章

绿色工程的发展现状

本章从绿色建筑、绿色施工、绿色电力、绿色交通、绿色园区、绿色制造、绿色金融等领域总结国内和国际发展现状以及面临的问题。为了方便读者更全面地了解该领域的发展，本章还增加了对部分行业的优秀公司和国际组织的介绍。

16. 国内绿色建筑发展现状如何？

2022年3月，住建部发布的《“十四五”建筑节能与绿色建筑发展规划》提出，到2025年，实现城镇新建建筑全面绿色化，建筑能源利用效率稳步提升，建筑用能结构逐步优化，建筑能耗和碳排放增长趋势得到有效控制，基本确立绿色、低碳、循环的建设发展模式，为城乡建设领域在2030年前碳达峰奠定坚实基础。到2025年，我国计划完成既有建筑节能改造面积超过3.5亿m^2，建设超低能耗和近零能耗建筑超过0.5亿m^2，装配式建筑占当年城镇新建建筑的比例达30%，全国新增建筑太阳能光伏装机容量超过0.5亿kW，地热能建筑应用面积超过1亿m^2，城镇建筑可再生能源替代率达到8%，建筑能耗中电力消费比例超过55%。

随着我国综合国力的不断提升，我国科技水平也得到飞速发展，绿色建筑技术已经达到较为先进的水平，展现出与传统建筑的明显优势。例如，绿色建筑所采用的建筑材料已经远优于传统建筑材料，具有更高的强度和轻盈性，有利于在施工过程中的运输，同时减少了损耗，节省了人力和物力，其中，真空玻璃代替传统玻璃，混凝土空心砖代替传统红泥实心砖等[6]。

17. 绿色建筑有哪些优秀案例？

位于澳大利亚墨尔本的像素大楼（Pixel Building）是一座小型四层建筑，同时也是澳大利亚第一座碳中和的办公楼。该建筑依靠风力涡轮机和绿色屋顶发力和供水独立运行，能够满足其除饮用水外所有的便利设施需求。像素大楼外观五彩斑斓，采用固定的遮阳百叶系统和双层玻璃窗户。此外，大楼里面配置了太阳能电池板，与外部完美融合，添加了建筑的活力和独特感。为了减少像素大楼的隐性碳排放，该设计采用了低碳混凝土和可回收的建筑材料。像素大楼实现了美国 LEED[①]（leadership in energy and environmental design）评价 105 分的成绩，成为澳大利亚绿色建筑委员会有史以来最高的评级。

上海中心大厦是世界第二高的建筑，高达 2 073 英尺[②]，也是亚洲第一高楼，同时它还是一个可持续发展的建筑奇迹。大厦的旋转和不对称的外部立面设计大大减少了风载荷，降低了大楼结构的风力负荷达到 24%。同时，双层表皮内外立面间的空中中庭形成了独立的生物气候区，有效改善了大厦内的空气质量，为用户提供了舒适的休息环境。与传统的直线型建筑相比，创新的幕墙技术眩光度降低了 14%；此外，大厦的螺旋顶端可用于收集雨水并进行回收利用，大厦顶部还安装了风力涡轮发电机，为建筑提供绿色电能。大厦还建立了能源中心，通过智能化运行管理系统探索多种能源，以实现节能 10%～20%的目标。在这座大厦中，夏季或者秋季，早晨或者中午，都会启用不同的能源供能搭配，以提高能源利用效率。上海中心大厦是国内首获“双认证”的绿色超高层建筑，即住建部授予的三星级绿色建筑标识证书、美国绿色建筑委员会颁发的 LEED 金级预认证。

18. 绿色建筑相关的国内组织和机构有哪些？

（1）中国绿色建筑委员会

中国绿色建筑委员会是全国性非营利性机构，成立于 2006 年，旨在推广可持续和绿色建筑，并提供相关认证和培训服务。

（2）绿色建筑与能源高效协会

绿色建筑与能源高效协会是全国性非营利性机构，成立于 2005 年，致力于推广可持续和绿色建筑，提供相关的培训、咨询和评估等服务。

（3）中国节能环保产业协会

中国节能环保产业协会成立于 1985 年，是为中国节能环保产业服务的全国性

① LEED，美国 LEED 绿色建筑认证。

② 1 英尺≈0.304 8 m。

行业协会。协会下设有绿色建筑分会，为绿色建筑的开发和推广提供了组织和服务支持。

（4）中国建筑学会

中国建筑学会成立于 1954 年，是中国建筑领域最大的全国性学会。学会下设有绿色建筑分会，致力于推广可持续和绿色建筑，推动绿色建筑的研究和实践。

（5）中国可持续建筑委员会

中国可持续建筑委员会成立于 2005 年，旨在推广可持续和绿色建筑，并为相关产业提供咨询、技术和认证支持。该委员会下设可持续建筑评价委员会，负责绿色建筑相关标准的制定和评价。

（6）中国建设科学研究院有限公司

中国建设科学研究院有限公司成立于 1956 年，是中国国家房屋建筑和市政工程专业科研机构之一。其为绿色建筑、生态城市和低碳建筑等关键领域进行系统研究，为优化建筑设计和施工提供技术支持和科学依据。

（7）北京市绿色建筑协会

北京市绿色建筑协会成立于 2011 年，是北京市建委所属专业机构，也是北京市主要的绿色建筑推广和服务机构之一。其主要为政府和企业提供绿色建筑的咨询、评价、培训和认证服务，促进绿色建筑的可持续发展。

（8）上海市绿色建筑协会

上海市绿色建筑协会成立于 2006 年，是上海市主要的绿色建筑推广和服务机构之一。其致力于推广绿色建筑的发展和应用，包括绿色建筑标准制定、低碳城市建设规划等。

（9）中国高层建筑学会绿色建筑分会

中国高层建筑学会绿色建筑分会是中国高层建筑学会下属的分支机构之一，成立于 2014 年，是一家独立的非营利性组织，旨在为中国高层建筑领域开展可持续性研究工作提供组织、平台和技术支持。

19. 绿色建筑相关的国际性组织有哪些？

（1）世界绿色建筑委员会

世界绿色建筑委员会（WorldGBC）是独立的非营利组织，由从事建筑业的企业和组织组成，目标是促进可持续建筑在世界各地的普及。

建筑行业碳排放占能源相关二氧化碳排放量的 39%。世界绿色建筑委员会的使命是在气候行动、健康与福祉、资源与循环 3 个战略领域改变建筑业。该组织是一个全球行动网络，由全球约 70 个绿色建筑委员会组成。

世界绿色建筑委员会作为联合国全球契约的成员，与企业、组织和政府合作，推动实现《巴黎协定》的雄心和联合国可持续发展全球目标。通过系统变革的模式引领行业走向一个健康、公平和有弹性的建筑环境。

该组织的目标有 3 个：

①气候行动——建筑环境的完全脱碳。

②健康和福祉——提供健康、公平和弹性建筑、社区和城市的建成环境。

③资源和循环性——支持资源和自然系统再生的建成环境，通过繁荣的循环经济提供社会经济效益。

（2）美国绿色建筑委员会

美国绿色建筑委员会（United States Green Building Council，USGBC）成立于 1993 年，是美国唯一一个在环保建筑方面代表整个建筑行业的全国非营利性机构，是全球知名绿色建筑体系 LEED 体系的创立及推广机构。USGBC 坐落于华盛顿哥伦比亚特区，委员会致力于通过高成本效率和绿色节能建筑，实现未来可持续发展。

USGBC 领导着全美国的行业发展方向。USGBC 独特的视角和集体的力量为其成员们提供了一个巨大的机会——改变各种传统的建筑设计、施工和保养方法。

USGBC 致力于通过 LEED 改变建筑设计、建造和运营方式，LEED 是世界上最先进的可持续建筑第三方验证系统。USGBC 的 LEED 绿色建筑认证系统是综合考虑绿色建筑设计、施工和运行的最权威的认证体系项目，共有 42 000 个商业项目参与 LEED 绿色建筑系统的评价，这包含 129 个国家、50 个州，建筑面积总计超过 86 亿平方英尺①。除此之外，13 000 个家庭建筑获得了 LEED FOR Home 的认证，另有 61 000 个家庭建筑也已注册。

USGBC 的会员都是来自建筑行业中各种类型公司的领袖企业，包括建筑设计事务所、开发商、物业公司、房屋中介、施工承包单位、环保团体、工程公司、财务和保险公司、政府部门、市政公司、设备制造商、专业团体、大学和技术研究机构、出版机构等。目前，USGBC 有超过 14 000 个会员企业，包含各类供应商、顾问公司和其他组织机构。

20. 国内绿色建筑发展面临的问题有哪些？

首先，我国绿色设计能力相对较低。绿色建筑设计在我国起步较晚，建筑设计师主要来自高校毕业生，然而高校并没有开设绿色建筑设计相关专业，尽管他们对传统建筑设计较为熟悉，但对绿色建筑设计了解得却少之又少，仅限于对理念的浅层理解，缺乏完整清晰的设计思路。此外，我国现有的绿色建筑案例较少，经典案例更是稀缺，设计人员在设计的过程中，缺乏实践案例的参考，只能借鉴国外案例或者是根据个人对绿色建筑理念的理解进行设计，导致设计细节不够清晰，设计理念混乱，设计不够明确。

其次，绿色建筑技术推广渠道不足。尽管国内的许多建筑施工已经采用了绿色建筑技术，但这些技术并未得到充分的推广，大多数工地采用的绿色建筑技术并非最先进，尽管优于传统施工技术，但远没有达到绿色建筑技术的要求。这就说明，绿色建筑技术的推广渠道较少，许多先进的技术因缺乏良好的推广，从而阻碍了我国绿色建筑行业发展。

最后，对绿色建筑认知不够深入，导致需求量不足。许多人对绿色建筑的认

① 1 平方英尺=0.093 m^2。

知仅停留在表面，将其理解为在建筑周边增加绿化，使其更生态化，对绿色建筑技术的认知也同样停留在表层。正是由于这种浅层认知，大多数人并未意识到绿色建筑建造的重要性及其带来的多重效益，导致绿色建筑的需求量极大地降低。

21. 国内绿色施工存在哪些问题？

虽然在近年来的绿色建筑热潮中，国内绿色施工有很大的发展，但仍然存在一些问题，主要包括以下几个方面：

①意识不足：绿色施工需要的技术、材料、工艺等，相对传统方式需要更高的要求。因此，从业者需要不断学习、积累，才能真正理解并应用绿色建筑的概念和原则。同时，业主作为决策者需要对绿色建筑进行全面认知，认同绿色建筑的重要性，从而给项目带来理念上的变革。

②成本高：绿色材料和技术通常需要更高的成本，造成部分业主理念上的不认同，不愿意采用绿色材料和技术；同时，国内绿色建筑市场并没有形成真正的规模，市场竞争有限，加之政策支持力度依然不足，绿色建筑的成本和传统方式的价格差距仍然相对较大。

③标准不统一：不同地区的标准也相对不同，导致绿色建筑项目的质量标准难以保证，同时也增加了绿色施工的复杂性和风险性。加之有些地方在制定标准的过程中可能存在“一刀切”的情况，由此导致了过于严苛或者过于宽松的问题发生。

④监管不到位：尽管绿色建筑的政策和法规框架已经出现，但在实施方面监管力度仍然不够，标准制定缺乏专业监督机构的支持，导致一些绿色建筑项目存在绿色施工质量不达标等问题。

⑤供应链问题：做好绿色施工必须依靠供应链，但目前的配套设施还没跟上，造成绿色材料生产和供应链的成本较高，加之系统整合能力偏弱，致使绿色施工在相关工作方面的生产、运输、设计等的配套设施还需进一步完善。

绿色施工的推行与发展是一个长期的过程，需要各方的共同努力。认知和意识的提高、标准的制定、政策的支持和监管的加强，市场的需求和供应链的完善，都是绿色施工发展的关键。只有各相关方共同努力提高绿色建筑的技术和质量，才有望推动绿色建筑在未来发挥更大的作用，实现可持续发展。

22. 国内绿色电力发展现状如何？

2021 年，我国可再生能源新增装机容量 1.34 亿 kW，占全国新增发电装机容量的 76.1%。其中，水电新增 2 349 万 kW、风电新增 4 757 万 kW、光伏发电新增 5 488 万 kW、生物质发电新增 808 万 kW，分别占全国新增装机容量的 13.3%、27.0%、31.1%和 4.6%。截至 2021 年年底，我国可再生能源发电装机容量达 10.63 亿 kW，占总发电装机容量的 44.8%。其中，水电装机容量 3.91 亿 kW（其中抽水蓄能 0.36 亿 kW）、风电装机容量 3.28 亿 kW、光伏发电装机容量 3.06 亿 kW、生物质发电装机容量 3 798 万 kW，分别占全国总发电装机容量的 16.5%、13.8%、12.9%和 1.6%。可再生能源装机规模突破 10 亿 kW，风电、光伏发电装机容量均突破 3 亿 kW，海上风电装机跃居世界第一。

可再生能源发电量稳步增长，2021 年，全国可再生能源发电量达 2.48 万亿 kW·h，占全社会用电量的 29.8%。其中，水电 13 401 亿 kW·h，同比下降 1.1%；风电 6 526 亿 kW·h，同比增长 40.5%；光伏发电 3 259 亿 kW·h，同比增长 25.1%；生物质发电 1 637 亿 kW·h，同比增长 23.6%。水电、风电、光伏发电和生物质发电量分别占全社会用电量的 16.1%、7.9%、3.9%和 2.0%。可再生能源持续保持高利用率水平。2021 年，全国主要流域水能利用率约 97.9%，同比提高 1.5%，弃水电量约 175 亿 kW·h；全国风电平均利用率为 96.9%，较上年同期提高 0.4%；全国光伏发电平均利用率为 98.0%，同比基本持平。

水力发电现状：2021 年，全国新增水电并网容量 2 349 万 kW，为“十三五”时期以来年投产最多，截至 2021 年 12 月底，全国水电装机容量约 3.91 亿 kW（其中抽水蓄能 0.36 亿 kW）。截至 2021 年 12 月底，白鹤滩水电站已有 8 台机组投产发电，两河口水电站 5 台机组投产发电。2021 年，全国水电发电量 13 401 亿 kW·h，同比下降 1.1%。2021 年，全国水电平均利用小时数为 3 622 h，同比下降 203 h。2021 年，全国主要流域水能利用率约 97.9%，同比提高 1.5%；弃水电量约 175 亿 kW·h，同比减少 149 亿 kW·h。

风力发电现状：2021 年，全国风电新增并网装机容量 4 757 万 kW，为“十三五”时期以来年投产第二，其中陆上风电新增装机容量 3 067 万 kW、海上风电新增装机容量 1 690 万 kW。从新增装机分布来看，中东部和南部地区占比 61%，东北、西北和北部地区占比 39%，到 2021 年年底，全国风电累计装机容量 3.28 亿 kW，其中，陆上风电累计装机容量 3.02 亿 kW、海上风电累计装机容量 2 639 万 kW。2021 年，全国风电发电量为 6 526 亿 kW·h，同比增长 40.5%；在利用小时数较高的省区中，福建 2 836 h、蒙西 2 626 h、云南 2 618 h。2021 年，全国风电平均利用率达 96.9%，同比提升 0.4%；尤其是湖南、甘肃和新疆，风电利用率同比显著提升，湖南风电利用率为 99%、甘肃风电利用率为 95.9%、新疆风电利用率为 92.7%，同比分别提升 4.5%、2.3%、3.0%。

光伏发电现状：2021 年，全国光伏新增装机 5 488 万 kW，其中，光伏电站 2 560 万 kW、分布式光伏 2 928 万 kW。到 2021 年年底，光伏发电累计装机 3.06 亿 kW。从新增装机布局来看，装机占比较高的区域为华北、华东和华中地区，分别占全国新增装机的 39%、19%和 15%。2021 年，全国光伏发电量为 3 259 亿 kW·h，同比增长 25.1%；利用小时数为 1 163 h，同比增加 3 h；利用小时数较高的地区为东北地区 1 471 h，华北地区 1 229 h，其中，利用率最高的省（区）为内蒙古 1 558 h、吉林 1 536 h 和四川 1 529 h。2021 年，全国光伏发电利用率为 98%，与上年基本持平。新疆、西藏等地光伏消纳水平显著提升，光伏利用率同比分别提升 2.8%和 5.6%。

生物质发电现状：2021 年，生物质发电新增装机容量 808 万 kW，累计装机容量达 3 798 万 kW，生物质发电量为 1 637 亿 kW·h。累计装机排名前 5 位的省份是山东、广东、浙江、江苏和安徽，分别为 395.6 万 kW、376.6 万 kW、

291.7 万 kW、288.0 万 kW 和 239.1 万 kW；新增装机容量排名前 5 位的省是河北、河南、黑龙江、山东和浙江，分别为 91.8 万 kW、78.7 万 kW、72.3 万 kW、61.1 万 kW 和 58.1 万 kW；年发电量排名前 6 位的省是广东、山东、浙江、江苏、安徽和黑龙江，分别为 206.6 亿 kW·h、180.2 亿 kW·h、143.8 亿 kW·h、133.9 亿 kW·h、117.4 亿 kW·h 和 79.7 亿 kW·h。

23. 绿色电力相关的国际性组织有哪些？

（1）“绿色电力未来”使命

“绿色电力未来”使命是在 2021 年的第六届创新使命部长级会议期间由中国、英国、意大利联合发起的全球性倡议，旨在加速全球可再生能源的发展，实现 100% 的可再生能源转型，以应对气候变化和能源危机等挑战。“绿色电力未来”使命的目标是在 2030 年前，全球可再生能源发电的容量将达到 1 250 GW，其中，包括太阳能、风能、水能等可再生能源的混合利用，以满足世界各地的能源需求。

（2）国际可再生能源机构

国际可再生能源机构是一个全球性组织，成立于 2009 年，总部位于阿布扎比。其致力于促进可再生能源的可持续发展，提供技术、政策和市场方面的支持和服务。

（3）国际能源署

国际能源署是一个总部位于巴黎的全球性组织，旨在协助各成员国可持续发展的能源政策。该组织成立于 1974 年，拥有 30 多个成员国，其中包括美国、日本、德国等发达国家，主要工作是促进可再生能源的发展和推广。

（4）美国绿色电力市场协会

美国绿色电力市场协会是美国一个非营利性组织，致力于推动绿色电力发展和应用，是美国目前最权威的绿色电力组织之一。

（5）欧洲可再生能源联盟

欧洲可再生能源联盟是一个致力于推广可再生能源、促进能源转型的国际性组织，成立于 2016 年。该组织由欧盟内的行业领袖和高级学术研究人员组成，致力于推进欧盟的可持续发展。

（6）世界自然基金会

世界自然基金会是世界上最大的、最专业的自然保护组织之一，其工作主要涉及野生动物、生态系统、气候变化等领域。该组织近年来在推广绿色电力等领域发挥了重要作用。

24. 国内绿色电力发展面临的问题有哪些？

中国可再生能源发电投资建设规模在世界上居于前列，特别是在水力发电、风力发电以及太阳能光伏发电装机容量方面居于世界首位。但中国可再生能源发电也面临一些问题。

第一，可再生能源发电不平衡。据中国电力企业联合会（以下简称中电联）《2015 年全国电力工业统计快报》统计，中国可再生能源建设规模居于世界前列，但是可再生能源实际发电量在全部发电量中的占比与世界平均水平还有一定的差距。中国可再生能源发电量在全部发电量中的比例与世界平均水平的对比如图 2-1 所示，中国水力发电比例超过世界平均水平，而风力发电略低于世界水平，生物质发电以及太阳能光伏发电与世界平均水平仍有一定的差距。

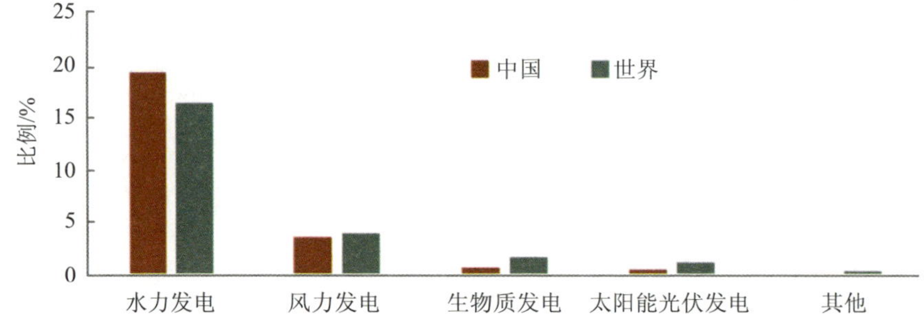

图 2-1　中国可再生能源发电量在全部发电量中的比例与世界平均水平的对比

第二，平均利用时间与世界平均水平存在差距。2015 年，中电联电力工业统计快报显示，可再生能源发电平均利用时间与世界平均水平也有差距。中国风力发电和太阳能光伏发电平均利用时间与世界平均利用时间见表 2-1。

表 2-1　中国风力发电和太阳能光伏发电平均利用时间与世界平均利用时间　单位：h

	风力发电平均利用时间	太阳能光伏发电平均利用时间
中国	1 728	1 133
世界	2 028	1 255

通过表 2-1 可以发现，中国风力发电建设规模居于世界首位，但是风力发电有效利用时间比世界平均水平差 300 h，太阳能光伏发电也存在同样的问题。中国可再生能源实际生产能力与世界平均水平还有一定的差距，这也是中国可再生能源发展需要解决的问题。

25. 国内绿色交通发展现状如何?

自 21 世纪以来，我国许多发达城市纷纷实施了适合自身交通特点的绿色交通举措，在这一背景下，各地相关部门相继提出了多样化的发展措施，旨在改善城市道路交通状况，并提升城市道路交通的运行效率和服务水平。如北京、上海、深圳、武汉、长沙等城市采用地下公共交通模式，主要以地铁为核心，公交车和慢行交通相结合，形成了“便捷、安全、集约、低碳”的综合绿色交通体系，鼓励市民选择绿色出行方式。而广州、大连等城市采用快速公交系统模式，利用“专用通道+灵活线路”的运营模式，通过设置快速公交专用车道，加快了公交车辆的运行速度，从而更好地满足了市民的出行需求。

另外，珠三角城市绿道系统、杭州公共自行车以及水上巴士、福建厦门健康步道等，都表明了我国对绿色交通的较高关注度，并通过研究试行，慢慢得到了部分成果和经验。我国绿色交通实践研究以中新天津生态城为例，其目标是建立以绿色交通为支撑的紧凑型城市布局。通过实施并推广先进交通管理技术，加快区域内部和外部的路网交通建设，完善智能绿色交通管理体系。与此同时，对出入城通道进行合理配置，建设对外公交走廊，形成区域交通枢纽。推广使用以电力和电池为动力的新式能量物质交通工具。大力建设慢行交通系统，建设配套自行车租赁系统和交通辅助设施，打造各类交通工具无缝接轨的绿色交通系统。截至 2020 年，生态区内绿色交通出行比例达到 90%[7]。

26. 国内绿色公路发展现状如何？

绿色公路作为一种新型的绿色环保的交通解决方案，是针对城市交通堵塞和环境污染等问题而设计开发的，其主要的目标是通过消除市中心的高速公路，以绿色公路、林荫大道、自行车道甚至是河流等方式替代，以重塑安逸、舒适的生活社区环境。作为绿色交通的一部分，绿色公路不仅是社会可持续发展的重要组成部分，也是基于未来发展交通系统的任务。

近年来，我国公路建设突飞猛进，取得了巨大的成就，随着环境保护理念的深入，绿色公路建设已成为日程上的重要议题，从低碳公路、绿色低碳公路、绿色循环低碳公路，最终演变为绿色公路。2016 年 7 月《关于实施绿色公路建设的指导意见》（以下简称《意见》）发布，《意见》提出了绿色公路建设的五大主要任务及五个专项行动。这一文件为我国绿色公路建设提供了指导，其中包含了新时期绿色公路的基本内涵，即坚持“两个统筹”，把握“四大要素”。

坚持“两个统筹”是绿色公路建设的核心理念。一方面要坚持统筹公路资源利用、能源消耗、污染排放、生态影响、运行效率、功能服务之间的关系，寻求公路、环境、社会等方面的系统平衡与协调；另一方面要坚持统筹公路规划、设计、建设、运营、管理、服务全过程，以最少的资源占用、能源耗用、污染排放、环境影响，实现外部刚性约束与公路内在供给之间的均衡和协调。

把握“四大要素”是推动绿色公路建设的关键。在绿色公路建设过程中，坚持以优质、安全、耐久为前提，重点突破“资源节约、生态环保、节能高效、服务提升”4个方面，控制资源占用、减少能源消耗、降低污染排放、保护生态环境、拓展公路功能、提升服务水平[8]。

27. 绿色交通领域相关的重要国际组织有哪些？

绿色交通倡议意义十分重大。全球交通运输业排放的二氧化碳占碳排放量的25%，2050年运输部门将在没有进一步政策行动的情况下排放温室气体21亿公吨①，通过实现运输脱碳可以避免在未来25年内全球变暖0.5℃。

国际清洁交通委员会（ICCT）成立于2005年，是一个旨在指导运输技术和燃料环境监管的独立的非营利组织。自ICCT成立以来，其使命一直集中在以有利于公共健康和缓解气候变化的方式改善公路、海运和空运的环境绩效和能源效率。

ICCT通过与美国、欧盟、加拿大、中国、印度、墨西哥、巴西、南非、澳大利亚、韩国等全球领先汽车市场的环境、能源、工业机构的监管机构合作，支持清洁运输政策。其典型支持包括提供独立、一流、数据驱动的研究工作，有助于制定和实施减排政策，提高监管机构的技术能力，并组织国际对话、会议和研讨会，促进全球监管机构之间的交流。ICCT于2018年在北京注册了代表处，生态环境部是其专业监督机构。

28. 国内绿色园区发展现状如何？

国内各绿色园区的发展存在共性，又各具特点。大部分园区属于产业基地重要组成部分，规划方向明确，有较为独特的产业特色。例如，杭州经济技术开发区集工业园区、高教园区和出口加工园区于一体，着力探索产城融合发展综合性

① 1公吨=1 000 kg。

园区低碳发展模式；宁波经济技术开发区建立绿色清洁能源和低碳技术应用示范体系，重点打造节能减排关键技术合作平台；温州经济技术开发区以低碳金融为特色，探索可持续的低碳经济发展模式、可推广的碳金融模式和碳交易机制；嘉兴秀洲工业园区以光伏产业发展和分布式光伏发电应用为突破口，探索“政府引导、市场运作、统一管理”的精细化管理模式；内蒙古鄂托克经济开发区立足产业基础和资源优势，以煤转电为基础，全力延伸煤化工产业链条，积极发展煤焦化、煤制气、粉煤灰提取氧化铝等下游产业，重点打造新型煤化工示范产业园区；天津子牙环保产业园主营进口废机电产品集中拆解、加工和再制造，是我国北方规模较大的专业化废旧机电产品拆解和再制造基地。在国内类似园区中天津子牙环保产业园率先采用封闭式管理方式，以高标准控制区内污染物排放总量[8]。

29. 国内绿色园区建设面临哪些问题?

绿色园区内不同的产业和企业发展水平存在差异，其拥有的高新技术应用能力也各不相同。绿色园区面临着以下三个主要问题：

第一，功能定位单一。国内绿色园区功能通常集中于低碳技术的推广应用、新产品的开发以及低碳成套设备的专业化生产等方面。各地的低碳产业园区所涉领域存在趋同的问题，普遍存在相互借鉴、相互模仿。

第二，管理制度不完善。虽然我国已颁布了一些节能、环保类的法律法规，但缺乏综合的促进低碳发展的立法，一些有关发展低碳经济的综合性制度不能得到集中规定。由于标准不一致和机制不完善，法律中的规定难以得到有效落实。

第三，缺乏核心技术知识产权保护。我国低碳技术水平还无法满足低碳发展需求，整体上存在关键技术匮乏和低碳技术研发成果转化不足等问题。在绿色园区发展的过程中，低碳技术研发投入、创新成果产出能力不足。一些绿色园区过分强调单一主导产业或主流产品的低碳化生产，但在研发和技术创新方面，还没有形成核心技术知识产权以及对知识产权的保护。与此同时，相关的法律法规在保护创新、鼓励创新和明晰产权方面仍存在问题，导致绿色园区总体发展水平较低。

30. 国内绿色工厂发展现状如何?

绿色工厂是新时代背景下的一种现代化制造模式，它充分考虑了生产效率、环境和资源的综合利用。在产品设计、生产、包装、运输、消费、报废等全生命周期力求实现资源的高效率、低能耗、低环境污染。绿色工厂是指在整个生产制造过程中不会产生任何污染物质的企业，它的生产模式绿色环保，可实现清洁生产、土地集约化及原材料无害化。

2021 年 11 月，工信部发布了《“十四五”工业绿色发展规划》（以下简称《规划》），《规划》就绿色工业、绿色制造问题提出了 1 个总体目标、5 个分目标和 9 项具体任务。《规划》强调要构建绿色制造支撑体系，为 2030 年的工业碳达峰目标奠定基础。其中，要重点加强绿色工厂、绿色供应链、绿色制造、新能源等关键领域的标准化工作。

目前，中国的绿色制造水平持续上升，绿色工厂和绿色园区的数量也在持续增长。截至 2022 年 3 月，根据工信部公布的数据，中国绿色工厂总数为 2 783 家。从 2016 年国家实施工业绿色发展规划以来，工信部以集约化、无害化、低碳化、资源化为目标，着力推动绿色工厂的建设，实施了一批重点项目，涉及厂房、原材料等多个方面。这些工程和行动取得了显著成效，陆续催生了一大批绿色工厂、绿色产品设计、绿色园区等。特别是在燃料加工、化学制造、电力生产等高耗能行业中产生了一批绿色制造工厂。尽管我国加速出台了绿色工厂的国家标准，并对部分行业中的绿色工厂标准不断修改，但针对目前的绿色园区以及行业中的绿色供应链和绿色产品的标准仍存在不足之处，一些标准亟须加快制定推出，以及修订完善，以满足绿色制造发展的需求。

目前，在广东、山东、江苏、浙江等经济发达的地区，绿色工厂的数量比较多，但是在西藏、甘肃、宁夏等一些经济欠发达的地区，以及吉林和黑龙江等老工业基地，绿色工厂的数量相对较少。“十四五”时期，西部重点发展的产业中，也有许多重化工行业，因此，节能减排压力和绿色工厂制造的压力持续增大。此外，在水资源节约上，我国绿色工厂的用水效率还需提高，由于一些企业的水处理设施有限，精细管理、绿色智能化手段不足，用水标准规范体系不健全等原因，不同行业之间节水差异性较大[9]。

31. 国内绿色制造发展现状如何?

国内绿色制造发展正在逐步加快，政府积极致力于循环经济和资源有效利用的推进。截至 2021 年年底，国内绿色制造的市场规模已经达到 1.5 万亿元。以下是国内绿色制造发展的几个方面：

①产业结构与技术创新：中国制造业已经从传统的资源密集型向技术密集型、服务化和智能化的方向转型。在绿色制造方面，越来越多的企业关注环保、节能、可持续发展等问题，并积极探索新技术和新模式。截至 2021 年年底，中国的制造业高技术产业增加值占规模以上工业增加值的比重已经达到 14.9%，环保和新能源行业高速增长。在绿色制造方面，中国已经成为世界上最大的光伏电池和组件生产基地，太阳能产业占到全球总量的 60%以上。统计局数据显示，截至 2020 年年底，我国绿色技术市场规模达到 5.3 万亿元，其中，环保产业规模达到 2.2 万亿元，新能源汽车市场规模达到 434 亿元。

②绿色供应链建设：绿色供应链建设是绿色制造的重要组成部分。目前，很多企业已经进入了绿色供应链建设阶段。这些企业通过整合上下游产业链，推广可持续采购和环保认证，加快循环利用和减少废弃物等举措，以提高产品的可持续性和节能减排效果。例如，一些电商平台已经开始对进入平台销售的商品进行环保认证要求，并鼓励供应商进行节能减排的开发与实践。阿里巴巴在举办了多次环保行动后，推出了“绿色链计划”和“智能绿色供应链”，利用先进的物联

网技术和大数据分析，鼓励上下游企业在环保领域多方参与，共同实现绿色发展。根据生态环境部发布的数据，截至 2020 年年底，我国已经有 911 家企业通过 ISO 14001 环境管理体系认证，272 家企业通过环境风险评估，并有 105 家企业实现了零排放，成为绿色供应链管理的领军企业。

③政策推动与支持：绿色制造是我国国家战略规划的重要组成部分，国家相关的政策正在不断制定和完善。从 2015 年开始，国家发展改革委连续印发了一系列的制造强国的战略文件，鼓励制造企业转型升级、推进技术创新、推广清洁生产和节能减排等举措，并支持低碳经济的发展。2019 年发布的《关于全面加强工业污染防治加快推进绿色制造的意见》提出了清洁生产、节能减排、循环利用、开放协同等绿色制造方面的发展目标和支持政策。自 2020 年开始，国家环保部门加大了排污许可证的监管力度，制定的相关政策和法规促进了绿色制造的发展。此外，金融机构也推出了一系列绿色金融产品，以此支持企业的绿色制造转型。根据国家金融与发展实验室的报告，中国的绿色金融市场正在快速增长，截至 2020 年年底，中国绿色债券市场规模已经达到 1.5 万亿元，绿色信贷累计发放金额超过 5.2 万亿元，成为企业进行环保投资的重要资金来源。《中国制造 2025》提出，到 2025 年，我国的环保制造业规模将超过 2 万亿元，成为制造业的支柱产业之一。

32. 绿色制造体系中示范性产品、园区、供应链和工厂的分布情况怎样？

自工业革命以来，全球制造业得到了迅速的发展，健全齐备的工业体系更加有力地支撑了全球经济的快速增长。同时，工业的快速发展也带来了大量的资源和能源消耗，并导致环境污染、气候变化、资源耗竭等一系列生态问题。作为能源消费大国，中国的工业能耗占全社会总能耗的 70%，因此，推进工业绿色发展迫在眉睫。

为深入贯彻落实《中国制造 2025》，加快推进绿色制造工程专项计划，全面建设绿色制造体系，率先打造一批绿色制造先进典型，按照《工业和信息化部办公厅关于开展绿色制造体系建设的通知》（工信厅节函〔2016〕586 号）、《关于请推荐第一批绿色制造体系建设示范名单的通知》要求和工作程序，经申报单位自评价、第三方机构评价、省级工业和信息化主管部门推荐、专家论证、复核以及网上公示等环节，2017 年开始，陆续发布了 6 批绿色制造示范名单，截至 2022 年 5 月，我国绿色工厂有 2 783 家，绿色产品设计有 3 159 种，绿色园区有 224 家，绿色供应链管理示范企业有 296 家。

其中，绿色工厂广东有 516 家，山东有 473 家，河南有 470 家，江苏有 375 家，浙江有 370 家，这 5 个省的绿色工厂数量占全国绿色工厂总数的 79.2%。绿色园区河南有 25 家，宁夏有 15 家，江苏有 14 家，内蒙古有 13 家，山东有 12 家，这 5 个省（区）的绿色园区数量占到全国绿色园区总数的 35.3%。绿色供应链广东有 28 家，浙江有 26 家，天津有 21 家，江苏有 17 家，云南有 12 家，这 5 个省（市）的绿色供应链数量占到全国绿色供应链总数的 35.1%。而绿色设计产品共有 3 185 个，涉及 153 个品种，其中，家用洗涤剂有 276 个，房间空气调节器有 147 个，家用电冰箱有 248 个，复混肥料（复合肥料）有 175 个，水性建筑涂料有 147 个。

33. 国内绿色供应链发展现状如何？存在哪些问题？

我国通过 ISO 4000 环境管理体系认证的企业只有 5 000 多家，占全国企业的不到 1%。在我国 70 000 多家服装企业中，也仅有“波司登”“杉杉”等 20 家企业的产品获得了绿色认证。可见，我国企业对于绿色消费浪潮缺乏主动性，对环保的重要性认识需要提高。我国已经加入世界贸易组织（WTO），越来越多的国家制定了严格的强制性环保技术标准，我国对外出口的产品面临着国际“绿色贸易壁垒”的严峻挑战。

随着我国环境问题严峻程度的不断加深，人们对于绿色供应链的认识也逐渐加强，但由于引进时间较晚，在实施绿色供应链管理的过程中仍然有着诸多问题。第一，欠缺绿色技术创新能力。目前，我国的绿色供应链尚在起步阶段，绿色供应链的发展需要成熟的绿色技术支持，但我国在绿色技术与绿色创新方面还不够先进，也缺少拥有绿色供应链管理经验的相关企业。第二，与环保相关的法律法规不够完善。随着社会的快速发展，人类活动造成的生态环境污染越来越严重，虽然我国已经制定了一套环保法律法规，但对于环境保护的状况来说远远不够，内容都太过宽泛。企业通过污染环境获得的利润远高于企业违反环境保护法的行为惩罚力度，由于缺乏有效的监督监察机制，对于企业的影响力度相对较小。

新冠疫情的暴发对我国经济正常运行造成了一定的影响，然而也在一定程度上推动了供应链的数字化与信息化转型，为绿色发展奠定了基础。在这个过程中，我们见证了供应链体系的调整和升级，为未来可持续性发展奠定了坚实基础。因此，随着疫情后经济复苏的来临以及产业链的重新构建，我们面临着打造绿色供应链体系的重要时机。这不仅是一种可行的现实选择，更是推动经济可持续发展、提升产业生态效益的战略举措。

34. 国内绿色制造发展面临的问题有哪些？

第一，绿色制造相关产业和技术水平发展相对落后。支撑我国推进绿色制造发展的中心产业还处于初级发展阶段，这些企业的规模总体较小，产业相对分散，需要进一步发挥绿色制造业企业的带头引领作用。我国现有的制造业企业在绿色共性和绿色制造技术方面的发展较为薄弱。目前，发达国家手中掌握着绝大部分绿色发展相关的核心技术，国内的制造业企业创新能力不足，绿色制造的重要设备仍需从国外购买，而我国制造业企业需要提高部分自主生产的节能环保设备的性能以及生产效率。国内制造业企业对于绿色制造基础的共性技术研究较少，缺乏大量的基础数据支撑，数据的标准无法统一，不足以支撑绿色技术研究。

第二，绿色制造领域的法规和标准体系目前仍需要进一步健全。在我国，一些高耗能和高排放的行业，如火电和钢铁制造等，其能耗限额标准和准入值的法规和标准存在较大差异。这反映了在绿色制造方面的法规框架尚待完善[10]。涉及绿色制造工作的相关法律法规大多分布于环保、采购、物流以及回收利用等方面。

第三，企业绿色制造的评价标准不明晰。实施绿色制造，需先行科学制定法规和标准，让绿色制造各项措施和技术推广做到有据可循、有法可依。在一些发达国家，特别是欧盟国家尤其注重绿色标准和规范的制定。例如“ISO 14040 生命周期评价”“ISO 50001 能源管理体系”“ISO 14955 机床能效与生态设计”等标准。但是，由于我国目前仍处在初级发展阶段，各制造行业相应的绿色制造评价没有相应的法律约束以及配套性标准，发展相对落后。

第四，企业推行绿色制造成本高且市场需求少。我国制造业企业总体上处于整个产业链的中低端发展水平，产能消耗水平较高，并且我国制造业的产品价格及其行业的利润存在下滑的趋势，这致使诸多的制造业在制定发展战略时陷入了选择短期的生存还是长远发展的难题。另外，由于目前我国市场还未形成绿色消费的大环境，大多数消费者对绿色环境的标志认识不到位，并且多数消费者在消费时关注的仍然是产品的价格而非是否属于环保产品，相较于价格低廉的传统产品，绿色产品不具有价格方面的市场竞争优势[11]。

35. 国内绿色技术装备的发展现状如何?

我国需加快推广绿色技术装备，积极利用现有政策渠道，引导企业加大投入力度，大力开展绿色化技术改造，推广应用一批节能、低碳、节水、清洁生产、资源综合利用、再制造等领域先进适用的工艺、技术及装备，创新国家鼓励发展重大环保技术装备的推广应用方式和渠道。实施重点行业能效、水效“领跑者”计划，促进企业降本增效。扎实做好电机、锅炉、配电变压器等设备能效提升工作，不断提升系统能效。落实《关于加强长江经济带工业绿色发展的指导意见》，引导沿江传统制造业绿色化改造升级。发展制造过程的关键工艺装备智能感知和控制系统，加强目标优化、经营决策优化等，实现生产过程物质流、能量流等信息采集监控、智能分析和精细管理。打造产品全生命周期的数字孪生系统，以数据为驱动力提升行业绿色低碳技术创新、绿色制造和运维服务水平。推进绿色技术软件化封装，推动成熟绿色制造技术的创新应用。

工信部发布的《“十四五”工业绿色发展规划》中，明确强调需要加大先进适用技术推广应用力度。促进数字化、智能化、绿色化融合发展，定期编制发布低碳、节能、节水、清洁生产和资源综合利用等绿色技术装备名录等，深化产品研发设计、生产制造、应用服役、回收利用等环节的数字化应用，加快人工智能、物联网、云计算、数字孪生、区块链等信息技术在绿色制造领域的应用，提高绿色转型发展效率和效益，推动绿色技术装备高质、高效发展。

36. 国内绿色金融发展现状如何？

我国绿色金融体系建设始于 2005 年，自 2020 年“碳达峰”“碳中和”目标提出以来，我国进一步加大绿色金融政策支持力度，鼓励和引导发展绿色金融，规范创新绿色金融产品和服务，将更多金融资源投向绿色产业。截至目前，中国在全球绿色金融发展进程中处于世界引领地位。2018 年至今，我国本外币绿色贷款余额呈逐年增长趋势，2021 年，我国本外币绿色贷款余额 15.9 万亿元，同比增长 33.1%，存量规模居全球第一位；2022 年第一季度，我国本外币绿色贷款余额达到 18.07 万亿元。

我国绿色金融蓬勃发展。绿色信贷、绿色债券、绿色基金、绿色保险等都是构建我国绿色金融体系不可或缺的重要元素。资金来源广泛的绿色基金包括绿色产业基金和绿色担保基金，在推动绿色产业发展过程中更是具有举足轻重的作用。绿色信贷一枝独秀，在绿色金融市场中发挥着巨大的作用。绿色债券对我国的经济迅速发展作用显著。从 2015 年开始，我国已经成为全球绿色债券发行的第二大主体，仅次于美国。在环境权益金融的发展中，碳金融的成效最明显，体系化最健全。限于篇幅，在我国绿色金融的发展现状中，本书仅选取绿色信贷、绿色债券和碳金融 3 个方面进行分析。

第一，绿色信贷是我国绿色金融市场的中坚力量。2007 年，我国发布了绿色信贷的基础性文件《关于落实环保政策法规防范信贷风险的意见》。自此，我国绿色信贷进入稳步发展阶段，逐渐成为当前绿色投资最主要的资金来源，在绿色经济、循环经济和低碳经济发展中发挥了重大作用，有力地推动了经济结构调整和产业结构转型升级。我国绿色信贷政策通常包括信贷政策、信贷处罚措施、防范环境风险的信贷手段。2012 年 2 月，中国银行业监督管理委员会（以下简称银监会）颁布《绿色信贷指引》；2013 年，银监会印发《关于报送绿色信贷统计表的通知》，要求绿色信贷统计工作起步较早、制度体系较为规范的 21 家主要银行定期上报绿色信贷统计结果，建立绿色信贷统计制度。2014 年，银监会办公厅发布了《绿色信贷实施情况关键评价指标》，该文件在支持节能环保、新能源和新能源汽车三大战略性新兴产业生产制造端的贷款方面发挥了积极作用。此外，该文件还建立了绿色信贷统计制度，明确了绿色信贷所支持的 12 类节能环保项目和服务。这些项目和服务包括但不限于绿色农业开发项目、绿色林业开发项目、工业节能节水环保项目、资源循环利用项目以及采用国际惯例或国际标准的境外项目等。通过明确定义和界定绿色信贷所覆盖的范围，该文件为金融机构在绿色信贷领域的投放提供了明确的指导，有助于引导金融机构更有针对性地支持环保、节能和可持续发展的项目和服务。这一举措也为推动我国金融业更深度地参与绿色金融奠定了基础。根据原中国银监会披露的 21 家银行绿色信贷情况，我国绿色信贷规模保持稳步增长，从 2013 年年末的 5.2 万亿元增长至 2021 年年末的 15.9 万亿元。

我国银行业通过践行绿色信贷，有力地支持了清洁能源、节能环保、生态保护、资源循环利用等方面的重大项目和优质项目，满足了相关客户的融资需求。在全国 5 个省（区）绿色金融改革创新试验区建设中，银行业创新绿色金融机制及金融产品和服务方式，优化完善配套安排，促进了 5 省（区）经济的绿色化、低碳化转型。随着绿色金融的实施与推进以及前瞻性研究工作的开展，中国银行业已经在环境风险分析、绿色信贷量化研究等领域取得了全球领先的成果。

第二，我国已成为全球第二大绿色债券发行市场。2015 年，我国绿色债券规模近乎于零，相关部门出台了一系列政策助推绿色债券发展，这些文件为我国绿色债券的进一步发展提供了实质性的政策支持。为了消除各界对绿色债券“洗绿”的质疑，中国人民银行连续发文，要求规范绿色债券在发行前和存续期的评估认证工作，加强存续期的信息披露管理。至 2018 年，中国境内外发行贴标绿色债券共计 144 只，发行额达人民币 2 675.93 亿元，占全球绿色债券发行总额的 23.27%；虽较 2017 年占比（24.59%）下降 1.32%，但中国仍然是全球绿色债券较大的发行市场之一。

根据 Wind 金融数据库、中央财经大学绿色金融国际研究院的数据，2016—2018 年中国绿色债券发行状况如图 2-2 所示。

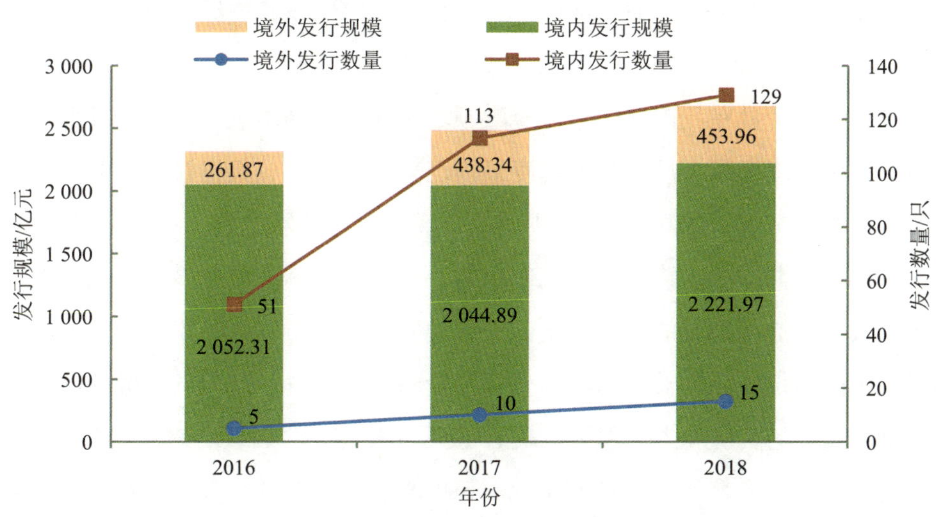

图 2-2　2016—2018 年中国绿色债券发行状况

《中国绿色债券市场年度报告 2021》显示，截至 2021 年年底，中国在境内外市场累计发行贴标绿色债券 3 270 亿美元（约 2.1 万亿元人民币），其中，近 2 000 亿美元（约 1.3 万亿元人民币）符合 CBI[①]绿色定义。2021 年，中国在境内外市场发行贴标绿色债券 1 095 亿美元（约 7 063 亿元人民币），符合 CBI 绿色定义的发行量为 682 亿美元（约 4 401 亿元人民币），同比增长 186%。按照符合 CBI 定义的绿色债券累计发行量及年度发行量计算，中国均是全球第二大绿色债券市场。从发行人类型来看，2021 年，非金融企业的绿色债券发行量增长 482%，为 312 亿美元（2 011 亿元人民币），占整体中国绿色债券市场发行量的 46%。这也是首次非金融企业的绿色债券发行量超过金融企业。79 家非金融企业参与了发行，是 2020 年（35 家）的 2.3 倍。

值得注意的是，较 2020 年，2021 年金融企业发行量增长 237%，为 240 亿美元（1 550 亿人民币），占中国绿色债券市场总发行量的 35%。2021 年共 138 家发行人参与到绿色债券市场中，促进了市场的多元化。其中，94 家是首次参与绿色债券市场的发行人，一部分是自 2016 年中国推出绿色金融框架以来，第一次参与绿色债券市场的机构，另一部分是有发行贴标绿色债券的经验但首次有债券被纳入 CBI 绿色债券数据库的发行人（以下简称首次发行人）。

第三，碳金融在我国环境权益金融领域扮演着先锋角色。相较于其他环境权益市场，中国碳交易市场的发展速度最为迅猛，取得的成果也最为显著。这一成就的背后有多重因素的共同作用。中国碳市场的快速发展得益于对国际碳市场（包括《京都议定书》中的清洁发展机制项目）的学习借鉴，充分汲取了欧盟碳市场的经验教训。这种经验的引入为我国碳金融领域提供了有力的指导和借鉴依据。同时，中国碳市场还受益于国内外专项经费的大力支持，这为碳金融的研究和实践提供了必要的资源和资金保障。截至 2018 年年底，全国碳交易试点期间一、二级现货市场累计成交量为 2.82 亿 t，累计成交额达 62 亿元。碳排放权作为金融资产的特殊性，主要体现在被市场赋予的双重属性——商品属性和衍生的金融属性。

① CBI，中国企业品牌竞争力指数。

碳交易试点伊始，基于碳排放权商品属性的金融创新随之出现，如碳抵押融资、碳回购融资、碳配额托管等。碳交易试点期间，在2014履约年度（2014年7月1日—2015年6月30日）基于商品属性的金融创新最为活跃，企业通过碳配额获得的可计算的融资额约为7亿元。

2015年，国内首单碳掉期在北京交易。之后，碳期权、碳远期交易等各类碳金融及衍生产品相继进入市场。2016年，湖北和上海推出的碳远期产品均采取标准化合约，进行线上交易。湖北采用的集中撮合成交模式已“无限接近”期货的形式和功能，碳市场发展迅猛。在2015履约年度，湖北碳市场的碳现货远期产品交易量激增到24 305万t，占总交易量的93.36%。湖北碳现货远期合约期限为2017年5月，在2016履约年度，碳现货远期产品交易量下挫至1 523万t，与同一履约年度的碳配额现货交易量基本持平。

2017年年底，全国碳市场建设正式启动。2019年2月，中共中央、国务院印发的《粤港澳大湾区发展规划纲要》提出，支持广州设立以碳排放为首个品种的创新型期货交易所，为碳期货交易写下了浓墨重彩的一笔。碳市场的发展必须建立在法律的基础之上。2019年4月，生态环境部发布的《碳排放权交易管理暂行条例》进入征求意见阶段，该条例将成为未来全国碳市场建设、运行的基础性法律框架[12]。

2020年年底，生态环境部以部门规章形式出台了《碳排放权交易管理办法（试行）》，规定了各级生态环境主管部门和市场参与主体的责任、权利和义务，以及全国碳市场运行的关键环节和工作要求，并印发了《2019—2020年全国碳排放权交易配额总量设定与分配实施方案（发电行业）》，该文件包括发电企业和自备电厂在内的重点排放单位名单，正式启动全国碳市场第一个履约周期。全国碳市场覆盖排放量超过40亿t，将成为全球覆盖温室气体排放量规模最大的碳市场。2021年的能源短缺，让社会各界重新正视我国以煤为主的基本国情，发电企业当前的配额获取方式，以及消费侧碳核算及电力消费带来的二次成本的办法，短期内可兼顾电力保供和电力绿色发展的双重目的。2020年12月生态环境部正式发布《碳排放权交易管理办法（试行）》并于 2021 年 2 月 1 日起施行，全国碳市场发电行业第一个履约周期正式启动，这标志着酝酿 10 年之久的全国碳市场终于“开门营业”。

37. 绿色金融相关的重要国际组织有哪些？

绿色金融研究小组是在 2016 年中国 G20 杭州峰会上发起并设立的，由中国人民银行和英格兰银行共同主持，并由联合国环境规划署承担秘书处工作。该小组的参与者来自所有 G20 成员和 6 个国际组织。经过 6 个月的深入调查研究，小组提交了《20 国集团绿色金融综合报告》。根据该报告，绿色金融是指为支持环境改善、应对气候变化和资源节约高效利用的经济活动，对环保、节能、清洁能源、绿色交通、绿色建筑等领域的项目投融资、项目运营、风险管理等所提供的金融服务。绿色金融的环境效益包括减少空气、水和土壤的污染，降低温室气体排放，提高资源使用效率，减缓和适应气候变化并体现其协调效应等。发展绿色金融要求将环境外部性内部化，并强化金融机构对环境风险的认知，进而提升环境友好型的投资和抑制污染型的投资。

经济合作与发展组织（Organization for Economic Co-operation and Development，OECD）被称为是智囊团、富人俱乐部或者非学术性大学。其重要的作用是为各国政府提供一个探讨、发展和完善经济及社会政策的场所。

世界银行（the World Bank）是世界银行集团的简称，同时也是联合国的一个专门机构。世界银行成立于 1945 年，1946 年 6 月开始营业，由国际复兴开发银行、国际开发协会、国际金融公司、多边投资担保机构和国际投资争端解决中心 5 个成员机构组成。世界银行将绿色金融定义为“能够产生良好环境影响的结构化金融活动”，包括一系列的贷款、债务机制和投资，用于鼓励绿色项目的发展，或尽量减少常规项目对气候的影响。世界银行指出，如果我们要向可持续的全球经济过渡，我们就需要扩大提供具有环境效益的投资融资，即所谓的“绿色金融”。

亚洲开发银行（Asian Development Bank，ADB，以下简称亚行）是一个致力于促进亚洲及太平洋地区发展中成员经济和社会发展的区域性政府间金融开发机构。自 1999 年以来，亚行特别强调扶贫为其首要战略目标。它是联合国亚洲及太平洋经济社会委员会（以下简称联合国亚太经社会）赞助建立的机构，同联合国及其区域和专门机构有密切的联系。亚行创建于 1966 年 11 月 24 日，总部位于菲律宾首都马尼拉。截至 2013 年 12 月底，亚行有 67 个成员，其中 48 个来自亚太地区，19 个来自其他地区。中国于 1986 年 3 月 10 日加入亚行。按各国认股份额，中国居第三位（6.44%），日本和美国并列第一（15.60%）。按各国投票权，中国也是第三位（5.45%）；日本和美国并列第一（12.78%）。亚行将绿色金融定义为：为可持续地为地球提供资金，涵盖了项目的金融服务、体制安排、国家倡议和政策以及产品（债权、股权、保险或担保）的各个方面，旨在促进资金流向可以实现环境改善、减缓和适应气候变化并提高自然资本保护和资源利用效率的经济活动和项目。根据亚行的评估，2016—2030 年，亚洲地区每年需保持 1.7 万亿美元的基础设施投资规模，绿色金融将在其中发挥重要作用。

38. 国内绿色金融发展面临哪些问题？

我国绿色金融的起步虽较晚，但却展现出了迅猛的发展势头。政府层面至民众层面对于绿色发展和生态文明建设等问题的关注前所未有。在政策层面，2014 年年底，国务院办公厅发文要求“一行三会”深入研究如何运用金融政策推动环境保护；2015 年 3 月，中共中央政治局审议通过《关于加快推进生态文明建设的意见》，要求坚持节约资源和保护环境的基本国策，把生态文明建设放在首要战略位置，协同推进新型工业化、信息化、城镇化、农业现代化和绿色化。2016 年 9 月，中国人民银行、财政部、国家发展改革委、环境保护部、中国银监会、中国证券监督管理委员会（以下简称证监会）、中国保险监督管理委员会（以下简称保监会）七部门共同发布了《关于构建绿色金融体系的指导意见》，奠定了我国绿色金融发展的基础。可以说，中国绿色金融发展已拥有良好的环境，兼具天时、地利、人和等有利因素。但我国的绿色金融资金供给依然不能满足绿色发展的需求。绿色金融改革正步入深水区，阻碍我国绿色金融发展的问题主要有以下 3 个方面。

第一，激励机制不到位，约束机制不完善。“绿色”本身属于公共产品，完善的激励机制是以促进企业绿色发展和金融机构绿色投资的内在动力。然而，我国推动绿色金融纵深发展的激励机制显然缺乏一定的效力。以绿色信贷为例，我国的财政、环保、税务等部门缺乏配套的激励政策，导致银行等金融机构支持节能环保企业或项目、扩大绿色信贷规模的内生动力明显不足。近几年，我国绿色信贷未能保持稳步增长，绿色信贷余额年增长率犹如过山车般跌宕起伏。根据中国银监会关于国内 21 家主要银行绿色信贷的统计数据，2015 年我国绿色信贷余额增长率为 17%，2016 年大幅滑落至 7%，2017 年有所回升，2018 年再次下降，近年来出现逐渐回升的情况。

我国绿色金融的约束机制同样有待完善。在绿色保险领域，环境污染责任保险的地位非常重要，但是我国环境污染责任保险的发展一直不理想，环境污染责任保险的实施缺乏强有力的法律支持，虽然环境污染责任保险已被写入《中华人民共和国环境保护法》，但仍停留在“鼓励”层面。由于目前还存在对环境侵权行为执法不严，环境污染责任主体的侵权责任不明，企业因污染行为受到惩罚的成本低于排污收益，导致排污企业始终抱有侥幸心理，宁愿接受处罚继续排污，也不愿投资环境污染责任保险，从而出现未从源头上控制污染。总体而言，我国现有的与绿色金融相关的法律条文比较分散，尚未形成系统性规定。欧美等国（地区）的司法体系针对环境污染责任已经制定了详细的规定，如美国的《清洁水法》《清洁大气法》等针对环境污染责任制定了严格的民事、刑事和行政处罚制度，1990 年德国颁布的《环境责任法》特别规定所有人必须承担预先保障义务并履行预防责任。

第二，规范不健全，标准不统一。目前，我国现有的绿色金融规范尚未完全建立，且标准不统一，增加了金融机构业务管理的难度和成本，限制了绿色金融产品的衔接与流通，阻碍了绿色金融的进一步发展。在绿色证券方面，我国目前没有公布企业环境信息披露标准，尚未形成统一的信息披露规范，增加了企业环境信息披露工作的难度，给外部人员评价企业的环境绩效带来了很大的困难。大部分A股上市公司在披露社会责任等非财务绩效信息方面非常随意，并未真正将企业社会责任报告视为定期与利益相关方沟通的桥梁，没有形成统一的管理模式。在绿色基金方面，目前的投资绩效评价体系不够健全，不利于构建完善的绿色基金退出机制。国家和地方层面也未推出针对绿色基金的扶持政策，导致机构投资者的投资意愿不高。绿色金融具有特定的投资标准，而现有绿色金融产品的各项标准缺乏统一性。以绿色债券为例，目前，我国绿色债券支持项目的标准有两类，分别是中国金融学会绿色金融专业委员会发布的《绿色债券支持项目目录》和国家发展改革委颁布的《绿色债券发行指引》，两者对绿色项目的界定并不统一。我国现有的绿色信贷标准和绿色债券标准也存在差异，绿色贷款中的“节能环保服务类项目”和“采用国际惯例或国际标准的境外项目”并未被纳入《绿色债券支持项目目录》。

第三，碳排放权交易是环境权益金融的发展先锋，我国在这个领域已经开展了很有价值的探索和尝试，但是，当前我国碳市场金融化程度过低，碳排放权交易在促进低成本减排方面的作用也受到严重制约。在我国的碳交易试点过程中，碳融资额度较低，交易数量较少，很多碳金融产品交易量仅有一两笔，甚至为零交易，被戏称为“PPT 产品”，即只处于设计阶段，没有真正进入市场。已推出的碳金融产品常被称为“国内首个或首单”以博人眼球，而绝大部分碳金融创新产品只停留在首单，难以复制。国内碳市场的年配额总量约为 12 亿 t，是欧盟第二阶段年配额总量的 60%。截至 2018 年年底，国内碳市场累计成交 5.5 亿 t。以欧盟碳市场交易量最低的一年（2008 年）为例，欧盟碳市场交易总量为 23.2 亿 t，几乎是国内碳市场开市至 2018 年年底交易总量的 4 倍。造成巨大差距的主要原因是期货本身的交易方式，在欧盟，90%以上的碳市场交易量来自期货；在国内，《期货交易管理条例》规定，经批准的专业期货交易所才能开展期货交易，而目前我国现有的 7 个试点碳交易所均不具备期货交易资格。因此，我国的碳交易所只能开展现货交易，探索开发碳金融非标准化衍生品。

我国碳市场效力不足的原因主要归结为上位法缺失，配额分配方法不当等，而更大的阻碍因素是国内对碳排放权及其金融化的认识存在误区。现阶段，我国只注重碳排放权的商品属性，忽视其金融属性，这种发展趋势极易导致碳市场由市场机制沦为行政手段，违背了国内建设碳市场的初衷。

39. 欧盟绿色交通发展现状如何?

欧盟委员会“欧洲绿色协议”提出的 2050 年实现“碳中和”的目标要求，欧洲交通运输碳排放量必须减少 90%。针对目前汽车、航空等交通活动碳排放量仍在增加的情况，欧盟委员会近期公布了最新的可持续智能交通战略，并将在随后几年陆续出台相关政策，以便切实推进绿色交通，其最终目标就是到 2050 年，力争每一辆汽车均达到零排放标准。主要措施：一是充分运用数字技术，使出行和移动变得更便捷、更高效、更环保；二是到 2030 年至少有 3 000 万辆零排放汽车在公路上行驶，并加强研发和推广，力争在 2050 年前应用在所有车辆上；三是强调电动汽车在其绿色金融分类中的重要性，为投资者提供明确的绿色环保指导，将私人资金引向电动汽车等领域；四是在目前 20 万个充电设施的基础上，增加 300 万个公共电动汽车充电端口和 1 000 个氢气加气站；五是在 2025 年实现锂电池生产自足，为至少 600 万辆电动汽车提供动力；六是建立电动汽车本土化供应链，推动汽车、货车和卡车完全电动化；七是到 2030 年高铁交通量翻一倍。

40. 欧盟绿色建筑发展现状如何?

建筑能耗约占欧盟能源消费总量的 40%、占温室气体排放量的 36%。欧盟境内大约 85%的建筑年限已超过 20 年，且大部分仍将继续使用至少 30 年。老旧建筑翻新改造，对于欧盟实现节能减排目标至关重要。众多老旧建筑维护成本高昂，特别是供暖和供热系统早已不符合当前建筑的能效要求。此外，根据欧盟标准，新建筑的能耗相较于 20 年前减少了 50%。

建筑翻新计划作为“欧洲绿色协议”的关键部分，于 2019 年首次提出。此前，欧盟已出台多项能源计划，将提高建筑能效作为重点行动。目前，欧盟约 3 400 万民众难以负担供暖费用。欧盟建筑翻新计划将重点针对贫困人口住房节能改造提供便利，以降低其能源开销。欧盟还计划为学校、医院、行政大楼等公共建筑提供资金，升级改造供暖、制冷设备，同时建设 100 个智能社区，向家庭推广小规模可再生能源和智能电网解决方案。

不同国家采用不同的方式进行了建筑节能改造。例如，法国从 2021 年起禁止能效低下的建筑物提高租金，将从 2028 年起翻新所有高能耗建筑物；荷兰采取具有法律约束力的监管措施，对办公楼、保障性住房和私人租赁住宅引入相应的最低能源性能标准，以提高建筑翻新率；德国出台建筑节能战略，为建筑物量身定制翻新路线图，为可再生能源区域供热系统提供资金支持，并推进建筑数字化改造等。

欧洲建筑性能研究所的研究表明，对建筑翻新每投资 100 万欧元，将创造 18 个工作岗位；办公楼整体节能改造可将生产效率提高 12%，每年可带来约 5 000 亿欧元的潜在收益；对医院节能改造可使患者平均住院时间减少 11%，每年为医疗卫生行业节约 450 亿欧元。

41. 欧盟绿色金融发展现状如何？

欧美等发达国家（地区）的绿色金融体系较为成熟，尤其以欧盟为代表的绿色金融发展相对领先。欧美发达国家（地区）的绿色金融从法律制度、市场主体和绿色金融工具等方面已经形成了较为完善的体系。在绿色金融政策体系方面，各国政府及央行不断加强绿色金融顶层设计，制定相关法案、政策，在绿色债券、绿色信贷、绿色保险、绿色基金等产品领域已形成较为成熟的产品体系。同时，国际金融机构也在发行和推广绿色产品中扮演着重要的角色。

欧盟是绿色金融发展历程中的主要参与者与先行者，在绿色金融顶层设计方面较为完善和成熟。欧盟首先将《可持续发展融资行动计划》作为指导性文件，对可持续活动的分类、可持续投资基金、可持续指数等多方面作出规定。其次以“欧洲绿色协议”为纲领性文件，提出在 2050 年实现“碳中和”目标，并对欧盟国家可持续转型的政策方向给出了相应的建议。此外，欧盟的可持续金融发展政策对绿色金融活动分类标准和信息披露有着更高的要求，如发布《欧盟可持续金融分类方案》《欧盟绿色债券标准》《气候基准及信息披露规范》等报告，对绿色环境相关领域的发展提供了界定标准和参考范例。同时，欧盟国家政府的政策支持和引导在发展绿色金融时起着至关重要的作用。例如，德国等国家通过税收优惠、政府担保等推动绿色环保项目发展；鼓励政策性金融机构、金融基金带动并吸引社会资本加大对绿色金融的投入等。

42. 国际绿色电力发展现状如何？

第一，可再生能源总量持续增加。近年来，新兴经济体对基础设施和工业基础建设力度的增加对全球电力需求的拉动较为显著，中国、印度、巴西、南非经济体的快速发展带来了电力投资的巨大增长，印度和巴西分别实施了特高压交直流工程。根据英国石油公司《BP 世界能源数据统计年鉴（2017）》中文版，经济发展活跃的亚太地区、中南美以及非洲等发展中地区的年发电总量在过去 10 年均保持了稳定增长的趋势。根据国际能源署 2015 年发布的《世界能源投资展望》，预计到 2035 年，全球电力领域累计投资达到 16.4 万亿美元。从细分市场来看，输配电领域和可再生能源占电力领域投资比例最高，分别达到 42%和 31%。从区域来看，预计到 2035 年，欧洲电力领域投资累计达 2.2 万亿美元，其关注点在老化电力基础设施替换和低碳发展的需求上；新兴国家如印度，预计到 2035 年，其电力投资总额可达 1.6 万亿美元，其关注点为发展电力基础设施。

第二，可再生能源发电成本持续下降。技术提高、市场开发和融资渠道通畅等都对可再生能源发电成本降低起到了重要作用，特别对风力发电和太阳能发电的作用更加明显。2015 年，加拿大、新西兰、南非、中国、澳大利亚、美国等国家的可再生能源发电项目以其低廉的成本优势备受关注。风力发电和太阳能光伏发电招标价格创历史新低。例如，2015 年年初，南非、巴西的风力发电招标价格为 5 美分/(kW·h)，2015 年年中阶段埃及风力发电招标价格降至 4 美分/(kW·h)，而到 2015 年年底摩洛哥的风力发电招标价格已经低于 3 美分/（kW·h）。

43. 国际绿色交通发展现状如何?

在国外，特别是欧美发达国家（地区）具有相对完善的交通体系和领先的绿色出行意识，其在绿色交通领域先行一步，已经推出众多先进绿色交通实践措施，并取得了良好的效果。欧洲国家提出“控需、转型、提效”的出行理念，通过满足必要的出行需求，转型并促进绿色出行模式发展，提高能源利用效率。

美国推行绿色新政，发展绿色新能源，并提倡购买油电混合汽车的人减税 7 000 美元，投入巨额资金建设新能源汽车配套基础设施。日本通过政策约束、税收优惠引导新能源汽车的发展，本田、丰田等厂商以发展混合动力为核心，生产大量燃料电池汽车。此外，日本大力发展轨道交通，东京的轨道交通系统对交通的分担率高达 86%，客运量高达 2 000 万人/d；中心市区 90%以上的人乘坐轨道交通出行。库里提巴作为巴西有代表性的生态城市，将低收入者居住区安排在距离工作地点、学校较近的区位，而医院、购物中心等配套设施设置在近郊区，以使出行距离最短；同时完善基础设置，设置自行车专用道，以方便当地居民绿色出行。

巴西大力推广使用乙醇生物燃料型清洁能源汽车。此外，巴西库里提巴市以公共交通重组为代表的快速公交系统（Bus Rapid Transit，BRT），目前被联合国称为世界范围内最好、最实际的城市交通系统，该快速公交系统成为了现代城市实现可持续发展的世界典范。快速公交系统由于具有灵活性、广泛使用性和费用低廉性，适合不同城市交通特点，在世界很多城市的应用越来越普及，成为目前国际推行的一种快速公交模式。

德国正在积极推动空中列车技术的发展，这种电驱动的交通工具可以在城市楼宇之间穿行，具有高度的安全性和适应特殊天气的能力。弗莱堡市在绿色交通系统方面取得了重要进展，将交通优先权赋予了环保交通方式。该市已在整个老城中心建成了大型的、相互连接的人行区，旨在加强步行、自行车和公共交通的综合政策。荷兰引领太阳能汽车技术的发展，其续航能力超过 1 000 km。荷兰和莫斯科已经建立了自行车专用车道，并积极倡导将自行车作为主要交通工具。新加坡实施了公共交通一体化政策，不断完善轨道交通网络，实现全面覆盖，同时通过收取用车费、关税和路税等手段限制车辆增长需求，实施区域通行证来限制私家车的使用。新加坡还注重将慢行交通与绿道结合，通过连接多个公园和自然保护区的绿色空间，实现各区域之间的联系，从而加速了该城市实现“花园城市”愿景的进程。

哥本哈根在城市发展中将城市空间与功能相融合，通过在每个小区设置休闲街、拓宽商业街、建设步行街等措施，构建了高效且动态的慢行交通系统。城市规划包括公共街道和广场，通过设立机动车禁行区、减少停车位等方式限制了汽车的使用。哥本哈根也积极打造自行车城市，推广自行车交通，实施自行车短期租赁计划。公共交通以首末站点为中心，服务周边人口密集地区、商场、医院、市场和企业，提高了交通利用效率。瑞典政府在发布的 2012—2015 年的环境计划中明确提出，将自行车和步行出行的比例提高至城市中心 50%。而法国巴黎则采取了企业买单的自行车租赁融资方式，降低了居民使用自行车的成本，使自行车成为最经济的交通出行方式。自行车服务于区内的短途出行，同时也满足了城市轨道交通线的换乘需求。

44. 国际绿色园区发展现状如何?

国外园区建设的重点主要包括选择主导产业、完善相关政策法规体系、建设基础设施，以及将城市发展与低碳产业融合等。丹麦的卡伦堡工业园是世界上工业生态系统运行最为典型的代表之一。该园区以发电厂、炼油厂、制药厂和石膏制板厂 4 个企业为核心，其政府采取了强有力的政策措施，对外部性较强的污染排放实行高额收费政策，并同时对减少污染排放给予利益激励。这四个企业之间相互利用废弃物或副产品作为生产原料，建立了工业横生和代谢的生态链关系。通过这种方式，园区实现了零污染和低排放的目标，不仅减少了成本，也实现了客观的经济效益。

日本的北九州生态城，以钢铁、化工、机械、药业以及信息关联产业等为主要产业。政府建立了生态工业园区补偿金制度，实施了包括缔结防止公害的协议、设置公害监视中心、建设污水处理厂等一系列措施，构建“北九州学术研究城”，最终逐渐形成产学研一体化的园区管理和运作模式。

美国的切塔努嘎生态工业园是全球节约能源、有效降低资源能源消耗以及提高园区生产效益的典型代表。该生态工业园通过有效资源化利用原有老企业的工业废物，大幅减少了园区污染，并显著提升了园区的经济效益。园区内曾存在的废旧钢铁铸造生产车间，经过环保改造后成为了采用太阳能处理污水的生态车间。此外，园区还在附近建设了利用循环废水的肥皂厂，紧邻肥皂厂的企业则以肥皂厂副产品为原料。通过这一系列企业之间能量和物料的上下游利用和循环，最终实现了园区的废弃物零排放，同时最大化了资源的利用。[12]。

45. 国际绿色制造发展现状如何？

20 世纪 80 年代至今，环境问题日益被全世界所关注，绿色制造模式开始被各国政府倡导。《巴黎协定》和《2030 年可持续发展议程》奠定了各国参与绿色发展的格局，为全球制造业的绿色转型提供契机。欧盟作为国际绿色经济的先锋，在绿色低碳产业领域处于领先地位。除了推出应对气候变化的相关法律外，欧盟自 2005 年起正式启动了“欧盟碳排放交易机制”（EU-ETS），重点用能企业必须拥有许可证才能排放二氧化碳或进行排放权交易。欧盟相继通过了《获得可持续发展、有竞争力和安全能源的欧洲战略》《欧盟能源气候一揽子计划》《欧盟2020战略》等顶层战略规划，通过加强技术投入带动绿色经济发展，保持在绿色低碳产业的全球领导地位。欧盟推出的低碳技术发展“路线图”，主要聚焦于投资百亿欧元在太阳能、风能、生物能源和二氧化碳捕集及封存等领域开发低碳技术，持续占据全球产业价值链的高端。美国在发展绿色制造业的过程中将新技术研发作为重点，以技术优势助推本国绿色工业发展。2011年以后，美国总统科技顾问委员会先后发表了《保障美国在先进制造业的领导地位》《获取先进制造业国内竞争优势》《加速美国先进制造业》等报告，将“可持续制造”列为11项振兴制造业的关键技术之一，享受创新发展红利。

德国作为一个传统能源资源相对匮乏的国家，将开发可再生能源作为发展绿色经济的重点，以降低对外部能源的依赖。德国政府先后出台了一系列政策法规和税收鼓励措施，如《电力供应法》《可再生能源法》等，从1999年1月起实施的“十万太阳能屋顶计划”，最大限度保障新生的可再生能源行业拥有一定市场竞争力。同时，德国作为全球汽车行业的领军者，全力推动新能源汽车的发展，进而带动德国产业发展方式转型。

日本通过建立节能法律及制度体系，用城市能源与资源管理的智能化、数字化保证绿色发展战略在本国的落实。自1979年起，相继出台了《能源使用合理化法》《循环型社会形成推进基本法》《再生资源利用促进法》《建筑材料循环利用法》《绿色采购法》等一系列政策法规，通过大数据分析、移动互联网等技术手段，将绿色发展理念与“智慧城市”建设紧密结合，统筹资源平衡，降低能源消耗。

46. 国际绿色金融发展现状如何？

美国、英国、韩国等发达国家的绿色金融出现较早，经过多年实践和探索积累了丰富的发展经验，其发展经验对中国绿色金融的发展具有一定的推动和引领作用。

（1）美国

美国绿色金融的发展始终秉持以市场为导向，强调资本市场和碳交易市场在资源配置中的决定性作用。美国绿色金融体系的构建包括绿色基金、绿色债券、绿色指数、碳金融等方面。为加速绿色金融的发展，美国芝加哥气候交易所建立了以市场为导向的碳交易框架——《美国区域性温室气体减排立法提案计划》，该计划的提出标志着芝加哥气候交易所成为世界上第一个受法律制约的气候交易平台，美国也成为最早实施温室气体排放交易制度的国家，完善的碳交易制度保证了碳金融市场的进一步繁荣。美国在实施碳排放配额和碳减排机制的基础上，持续地进行创新性发展，各类碳金融衍生品也不断出现。美国政府于2009年出台了《美国清洁能源安全法案》，该法案的实施提高了美国低碳行业的财政投资，加大了低碳行业的减税力度，刺激了 580 亿美元的环保和能源领域投资。为提升政府资金运作效率，美国政府注资成立了 3 家不受政府干预独立运营的绿色银行——康涅狄格州绿色银行、纽约州绿色银行和新泽西州能源适应力银行，进一步保证了绿色产业的资金来源。

（2）英国

为了构建绿色金融体系，英国于2009年颁布了《低碳转型计划》，随后又推出了《可再生能源战略》。这些国家战略性文件的定期发布旨在保障绿色金融的有序发展。2012年，英国政府启动了“绿色新政”，成立了首个由政府全部注资控股的绿色投资银行。该银行的运作旨在引导社会资本向绿色环保项目转移，以解决英国绿色环保项目融资不足的问题，从而建立健全绿色金融体系。为确保银行业务可持续发展，绿色投资银行将海上风力发电、能效融资和生物质能三大领域作为银行运营投资的首选目标。2014年绿色投资银行在绿色项目领域直接投资金额高达7.23亿英镑，极大地带动了社会绿色项目的发展。该银行共参与了英国一半以上的绿色项目投资，涉及总金额接近25亿英镑。英国“绿色新政”的实施有效引导了英国国内私人投资方向的转变。

（3）韩国

韩国政府以法律的形式保证了绿色金融的投入力度，《低碳绿色增长战略》中提出，为推动绿色金融发展，自 2008 年起政府将每年 GDP 的 2%投入绿色项目中。为保障绿色金融健康发展，2010 年韩国将低碳增长战略纳入法律范畴，并颁布了《低碳绿色增长基本法》等法令条例。韩国将绿色产业作为绿色金融发展方向，针对绿色中小企业制订了产业资助计划，投入 1.4 万亿韩元用于绿色创业产品的研发，并设立绿色发展基金以扶持绿色产业的发展。在国家政策方面，韩国政府通过优惠政策来引导社会资金投资绿色产业，对投资超过一定比例的产业给予分红、免税等优惠政策，同时，韩国绿色产业积极吸收社会组织和私人资本，构建完善体系框架。在社会宣传方面，韩国政府制作了低碳绿色环保题材宣传片《绿色成长的韩国》，鼓励市民绿色出行，倡导绿色低碳生活，塑造了绿色低碳的国家形象[13]。

第3章

重大工程类项目的环境影响及保护机制

重大工程类项目往往涉及面广、建设周期长、投入高，是绿色工程领域的重要内容。本章着重分析水力、风力、光伏和生活垃圾等发电项目、工厂和工业园区建设以及铁路和公路建设项目对环境的影响，并提出了常见的生态环境保护措施，以及如何从机制体制上保障项目的可持续建设与运营。

47. 水力发电项目可能产生哪些环境影响?

为获取发电量，需要在河流上修建水库、大坝等拦水建筑物，这在一定程度上改变了河流的天然水文节律，引起河流水文情势、水环境、泥沙等生境因子发生变化，进而影响河流生态系统中生物的生存和发展。

对于水文而言，水库大坝的建设会改变天然河流的年内丰枯变化和脉冲式的水文周期，减弱了洪水脉冲效应，下游水量会出现“大水变小、小水变大”的均化现象。此外，还会引起流域水文上的改变，如下游水位降低或来自上游的泥沙减少等。水库建成后，由于蒸发量大，气候凉爽且较稳定，降水量减少。

对于水环境的影响主要体现在水温和水质的变化上。对于水温而言，一些高水库大坝在水库蓄水后，随着水深加大和流速降低，库区内会出现水体水温分层的现象。对大坝下游河段水温的影响主要体现在当水库取水口处于温跃层以下高度时，电站的尾水水温偏低。同时，水库水温的滞温效应，使得库区下游河段的水温季节性波动幅度降低。对于水质而言，第一，随着河流生境向水库生境的演变，河流生态体系发生了明显的变化。第二，受库区泥沙淤积等的影响，大坝拦截了氮、磷、硅等营养物质，并影响其向下游的输送，缓解下游富营养化。第三，一些难以降解的如甲基汞等重金属长期累积于水库内，易产生环境污染。第四，一些大型水库在高坝泄洪过程中，水气强烈交换会导致下游水体中溶解气体的含量显著增加。

对于泥沙而言，随着河流水文情势的变化，河流泥沙的自然输移规律也随之发生变化，主要表现为库区内泥沙沉降和下游河道冲刷，从而改变下游河床的基质，使河道、河床、河口、三角洲的地貌发生变化。

除改变生境因子外，水电开发还会改变河流原有的生物因子，从而改变了河流中鱼类等生物的栖息地环境、新陈代谢速率、繁殖行为及种群的结构和分布特征等。

对于鱼类而言，第一，水电开发破坏了河流的纵向连通性，隔断了洄游性鱼类的洄游通道，造成鱼类生境片段化，进而降低了水生生物物种的多样性。第二，由于水库的形成，河流水生态体系由“河流型”逐渐演化为“湖沼型”，一些喜欢急流浅滩河道生境的鱼类由于失去原有的栖息地、失去食物来源，数量不断减少，一些喜欢缓流和静水生活的鱼类则大量繁殖。第三，由于河流水文情势、泥沙、水温、水质等生境因子的变化，鱼类的生存、繁殖也会受到影响。随着泥沙输移规律的变化，附着在泥沙颗粒表面的各种营养物质的输移规律也随之发生改变，对下游河道内鱼类等水生生物的生长也会产生影响。坝式水电站由于河流的大部分流量需要通过引水管道或水轮机引水到河段下游，所以会对鱼类的生存发展产生极大的影响。同时，引水式和混合式电站在厂坝间产生的减脱水现象、电站调峰运行等也会对一些鱼类产生负面影响。

对于高等植物和浮游植物而言，水库蓄水对其的直接影响主要是淹没，这间接改变了水域的形态特性，土壤、水的营养性能，水位状况和原始种源，从而影响着高等水生植物的生存和生长。而水库形成后，适宜在静水和缓流环境中生存的浮游植物（如蓝藻、绿藻和甲藻门）的种类和数量都会有所增加，其群落结构也会变得更为复杂[14]。

48. 水力发电项目中的生态环境保护机制有哪些?

绿色水电评价机制。目前，许多国家都建立了绿色水电认证制度，如瑞士的“绿色水电”认证制度、美国的“低影响水电”认证制度、国际水电协会的“水电可持续性评估”制度，中国的“绿色小水电评价”制度等。为鼓励水电企业参与绿色水电评价，需配套建立相关的激励机制。瑞士将通过绿色水电认证的水电站视作“绿色电力”，对外销售时将电价适当上浮；瑞典通过实施绿色电力配额制度来强制消费者购买一定额度的绿色电力；我国福建等地通过推行生态电价等措施来鼓励企业自觉落实生态保护措施。

生态补偿政策和机制。我国早期对水电开发的补偿主要体现在水库移民、淹没田地、库区植被恢复等方面，而对地区之间、河流上下游的生态补偿及具体措施考虑较少。鉴于水电开发的负面影响往往出现潜在或滞后发生，难以界定责任主体，而最后基本由国家买单，为此，必须要建立起有效的生态补偿机制，明确责任主体，使利益相关者共同决策，以达到全流程的利益平衡。目前，按照“谁开发谁保护、谁受益谁补偿”的原则，明确了生态补偿的主体由水电开发者承担，而生态补偿的标准、方式、内容等，则需要结合所在河流及工程的具体情况确定。生态补偿机制的建立，一方面要设立国家水利水电生态补偿专项基金，为可能会造成生态破坏后的重建工作预留经费，也为开展关键问题研究提供经费保障；另一方面要建立市场化的生态补偿机制，形成激励与处罚制度。

49. 梯级水电开发中常见的生态环境保护措施有哪些?

梯级水电开发中常见的生态环境保护措施包括落实河道生态流量泄放水设施，建设过鱼设施、鱼类增殖站，实施水库生态调度，预留生态水头，实施支流生境替代保护等。需要保障河流生态系统健康和在水电开发建设中最基本的下泄水量。常见的生态流量泄流措施主要包括闸门泄流、坝体埋管泄流、放空洞泄流、引水洞泄流、发电小机组泄流、水库生态调度等。

生态流量保护措施。近年来，在对水电站生态进行改造的实践中，我国因地制宜地采取了许多不同的生态流量保障措施，例如，对闸坝设立开放式水电站，通过制定闸门启闭及机组联合调度方案、设置倒虹吸管、建设全天候泄放流量的生态机组等方式，保证了生态下泄流量；对渠道设立引水式水电站，通过改建渠首闸、增设无节制泄流通道等方式，落实了生态下泄流量；对已建有放水孔、泄水洞或预留泄流通道的水电站，按照核定的生态流量，复核孔洞尺寸并实施生态改造，保证了生态下泄流量。

鱼类保护措施。为了降低梯级水电开发对鱼类的影响，常见的保护措施包括修建综合过鱼设施、增殖放流、水库生态调度、栖息地保护、支流生境替代保护，通过这些措施可以降低水电开发中大坝对洄游性鱼类的阻隔影响。国内外通常采用在河流上修建过鱼设施来减少影响，常见的过鱼设施包括鱼道、鱼梯等仿生通道，升鱼机，集运渔船及对鱼类友好的水轮机等。以广东省为例，目前已在东江、连江等流域的干流上修建了 10 座过鱼通道。在水库调度运行中，结合鱼类的繁殖和生长习性来调整调度运行方式也是重要的保护措施之一。此外，河流生境修复方法也在实践中得到了广泛应用，其主要包括建立自然保护区、限制捕捞、仿自然生境、拆除大坝等。这些方法对保护鱼类的栖息地环境有着积极作用。

流域综合管理。由于水电梯级开发在空间与时间维度上的累积影响，对于生态环境的保护对策要从流域综合管理的角度统筹考虑。借鉴美国田纳西流域、科罗拉多流域、澳大利亚墨累—达令流域等的成功经验，以流域为单元，统筹考虑流域内干支流、上下游的生态环境保护问题。近年来，我国提出了“干流开发、支流保护”的思路，通过保护支流上的重要生境来替代干流开发破坏的生境，实现对受干流开发影响的水生生物种群和群落的保护[15]。

50. 风力发电项目可能产生哪些环境影响?

风电在建设和运营过程中都会给环境带来各方面的影响。施工期的生态环境影响主要表现为施工占地、挖土对原有植被的破坏以及对周围生态环境的影响；道路改造造成的扬尘污染；建筑材料运输、装卸、堆放过程中造成的扬尘污染；机动运输车辆行驶产生的废气；施工人员排放的生活污水；车辆、机械工程等产生的噪声；施工期产生的建筑废弃物包括土方、水泥块以及生活垃圾等。

运营期的生态环境影响主要表现为风力发电机叶片回转、叶片涡流、空气乱流等产生的噪声；风电机风轮转动时，产生光阴影和闪烁影响（随太阳的旋转角度不同、风机所处的海拔高度不同，光影的长度和角度发生变化）；升压站主变压器产生的电磁辐射和噪声等[16]。

同时，风电在建设和运营过程中都必然会对生态环境产生一定影响。一是由于大部分的风力发电项目都是人造的，如果规划和选址不合理，将会对周围的景观产生不利影响，造成冲突。由于挖掘不当，地势形态也会发生变化。二是施工过程中临时堆土、沿线分散堆放等行为，若不采取合理的防护措施，会因风蚀、水蚀而造成新的水土流失。三是工程永久和临时占用土地等行为会完全破坏原有的植被，并造成邻近区域的植被的损毁，从而导致生物多样性显著降低，甚至物种灭绝[17]。

51. 风力发电项目中常见的环境保护措施有哪些?

第一，要科学规划，合理选址。风力发电项目选址要综合考虑保护区、动植物、地形地貌等多种因素，根据地形特点，合理选择地址、输送路径、输电线路，尽量减少林地的占用。尽可能少修建新的道路，充分利用已有的道路，并选取具有较好隐蔽性和易于恢复的地段，以减小对自然景观的负面影响。

第二，施工过程中要严格控制污染。可以从工程措施、临时防护措施、植被措施 3 个方面进行综合考虑。在施工过程中，要严格控制施工场地的扰动，采取有效的措施来保证水土资源的安全，最大限度地降低对植物的损害，使森林、土壤在施工中受到的损害得到最大限度的恢复。对挖掘、排弃、堆垫等场地进行防护、整治，并采取必要的护坡、截排水措施，以避免暴雨或大风时的水力和风力侵蚀，避免对周围环境的破坏。在完成工程后，通过人工措施，可以在短时间内迅速恢复植被。

第三，要加强环保意识，注重环境管理。增强对建筑工人环保意识的培养，确保工程建设和环保同时进行。在施工前，应加强环境保护宣传，以保证施工人员能够严格遵守国家有关环保的法律法规。严格规划施工场地，最大限度地减少施工干扰，减少占用。必要时用黄带标明施工区域，并对施工人员和机器的活动区域进行严格限定。在施工过程中，要做到安全、规范、文明，严禁在山坡上弃土、弃石。通过对风电项目建设过程中的生态环境进行监测，及时地获取相关数据，从而制定合理的治理措施，减少其对生态环境的影响。

第四，鼓励公众参与环境影响评估工作。居住在风电场附近的人们能最直接、敏感地感受到工程建设的影响，他们能够认识到一些重大的环境问题。项目实施之前，要将项目类型、规模、可能存在的环境问题等情况告知居民，使附近居民能够真正了解项目的真实情况。施工单位如果能掌握公众对项目建设的态度和反馈，以及环保方面的意见和要求，可以更有效地了解项目所在区域环境特点及可能造成的环境影响，又便于制定合适的环保措施。

52. 光伏发电项目可能产生哪些环境影响?

在施工期间，一是由于土方的开挖及大型车辆的运输，在施工区及周围区域会引起扬尘或者二次扬尘，从而导致局部大气污染。二是施工人员排放的生活污水及施工机械冲洗的废水，若不及时清理，可能会影响土质，造成水土污染。三是施工人员的生活垃圾、一些建筑垃圾（如砂石、混凝土等）、施工设备在检修过程中产生的废机油等固体废物若不及时处理会造成土壤污染。四是施工机械噪声和人员活动噪声对附近社区影响较大。

光伏发电项目的电磁场可能会影响鸟类的数量、鸟类飞行方向的判断、鸟类的迁徙，也可能对其他野生动物造成影响。一是光伏发电系统的废弃物对生态系统的影响特别大，不仅会改变原有的植被类型，还会影响区域植被覆盖度及植物群落组成和数量分布，使区域植被自然生产能力降低，甚至会对植被造成不可逆的破坏。二是场内检修道路的路面较宽、通行车辆较多，可能会对野生动物的活动产生阻隔影响[18]。

53. 光伏发电项目中常见的环境保护措施有哪些?

在施工期间，一是可以尽量选择在风速较小的夏季施工，空气要较湿润，保持场地清洁、经常洒水，以防空气污染。二是在生活区设置简易厕所，污水经过化粪池处理后，统一由当地环卫部门定期清运，以减少水环境污染。三是施工期产生的生活垃圾应集中堆放，之后统一交由当地环卫部门定期清运至垃圾处理厂，同时要在施工现场设置分类垃圾箱，将垃圾分类回收，以减少固体废物污染。四是尽量将建筑工程设在戈壁滩等人烟稀少的地方，施工车辆要经常进行保养，减少运输过程中产生的噪声。除此之外，项目建设过程中应精心规划用地，合理安排施工，加强环境教育，尽量减少植被破坏。

在运行期间，一是尽量使用容量小、电压低的变压器，并经常保养电子元器件，以减少噪声污染。二是在不影响发电效率的情况下，尽量采用容量小的逆变器、变压器等设备，并采取室内布置，减弱电磁场效应。三是严禁施工方在施工时随意丢弃废弃物，加强管理，定期对废弃物进行集中处理，避免对附近环境造成污染。四是尽量避免野生动物进入施工区，并采取生态恢复措施，建立生物廊道等方便野生动物通行[18]。

54. 生活垃圾发电项目可能产生哪些环境影响?

生活垃圾焚烧发电项目的污染源主要包括废水、废气、噪声、固体废物。废水包括垃圾渗滤液、化学废水、锅炉废水。垃圾渗滤液产生量受诸多因素影响，具有很大的不确定性，且垃圾渗滤液是较难处理的有机废水之一。化学废水主要是锅炉水处理车间的阴阳离子交换器的再生酸碱废液，该废水水质相对清洁。经简单中和处理后一般可用于垃圾卸料区冲洗、主厂房地面冲洗、灰渣冷却用水等。锅炉废水是指为了调整锅炉水质、去除锅炉底部结垢而产生的废水。这部分废水相对清洁，可直接排入厂区雨水管网，或经中和池处理后作为灰渣冷却用水。

废气产生源主要为垃圾贮存系统和焚烧系统。垃圾焚烧会产生氯化氢、氟化氢、二氧化硫、氮氧化物、一氧化碳等酸性组分。垃圾中的灰分和无机物组分在燃烧时会产生灰尘，部分随烟气流排出焚烧炉。此外，烟气净化中喷入的石灰、活性炭粉末，在烟气高温干燥的条件下形成粉尘。在垃圾焚烧过程中灰分大部分以底灰形式排出，而烟气中烟尘一般占垃圾量的 3%～4%。烟气中重金属一般由垃圾所含金属化合物或其盐类热分解产生，这些垃圾包括混杂的涂料，电子线路板等。其中挥发性金属有汞、铅、锑、锌等，非挥发性金属有铝、铁、钙、钛等；挥发性金属部分吸附于飞灰排出，非挥发性金属则主要存在于炉渣中。生活垃圾焚烧过程中还会产生二噁英，这类物质难溶于水但容易溶解于脂肪，进入生物体后，经过食物链积累，会造成累积性中毒。

垃圾焚烧发电项目产生的固体废物包括一般固体废物和危险废物两大类。一般固体废物包括金属废物、焚烧炉炉渣、飞灰、污水处理产生的污泥等；危险废物主要指焚烧炉飞灰。金属废物大多来源于城市垃圾，由排炉渣系统中振动输送带上的磁选机吸出。此部分废物大多出售给钢铁厂综合利用。垃圾焚烧后从炉底排出的残渣经除渣机出炉立即水冷却，然后输送至渣场。飞灰属于危险废物，其产生量约占垃圾处理量的 3%[19]。

55. 生活垃圾发电项目中常见的环境保护措施有哪些?

针对废水，一是道路冲洗水、生活污水等废水所含的污染物浓度相对较小，可经厂区污水处理站处理后用于厂区绿化。二是垃圾渗滤液、卸料平台冲洗水等废水所含污染物的浓度较高，通常需经厂区渗滤液处理站处理，之后回喷至焚烧炉，其余排入污水管网进入污水处理厂。三是化学水车间排水和锅炉定期排污水通常可直接排入污水管网，进入污水处理厂。四是厂区洁净的生产废水，主要是循环水、系统排污水和净水站排污水，可排至当地市政雨水管网。

针对废气，不同的气体需要不同的处理措施，这里仅列举最重要的二噁英和重金属废气两类有毒有害气体。对于二噁英，一是可以通过废物分类收集，避免含氯成分高的物质进入垃圾中；二是燃烧室要保持足够的燃烧温度及充足的气体停留时间，从而确保废气中适当的氧含量，使得分解破坏垃圾内含有的二噁英类物质；三是避免二噁英类物质炉外再合成现象。对于重金属废气，一是将垃圾分类收集，含有重金属的垃圾要先回收进行分开处理；二是焚烧时大部分重金属残存在灰渣中，但部分重金属的沸点小于炉体温度，容易升华或蒸发至废气中排入大气；三是在烟气温度降低时，烟气中部分易挥发的重金属会产生冷凝，可通过袋式除尘器将其除去。此外，对于除尘器管路中的未冷凝的重金属，可喷入活性炭粉对其进行吸附[20]。

56. 工厂和工业园区可能产生哪些环境影响？

工业园区为我国经济的快速发展作出了重要贡献。然而，由于园区内聚集着很多进行高强度工业生产活动的化工企业，因此，给当地的生态和环境带来了许多不利影响。我国工业园区数量众多，目前，全国各类工业园区的数量已经超过14 000 个。工业园区的增多，必然会导致工业废水排放量的增加，由此带来的环境污染问题不容小觑。工业园区按主导产业的不同，可分为化学工业园区、印染工业园区、电子工业园区、石化工业园区和综合类工业园区等。产生的污染物也和工业园区的类型有关，但一般都有“三废”（废水、废气、废渣）。

工业园区废水成分复杂，除含有常规污染物外，还存在重金属离子以及各种有毒有害物质。其主要特点是：①污染物浓度高，污染成分多样；②难降解，生物毒性强；③水质水量不稳定；④危害性大，给环境带来极大隐患。

工业园区排放的废气主要是挥发性有机物（VOCs）。VOCs 刺激眼睛和呼吸道，使皮肤过敏，其中，包含了很多致癌物质，如大气中的苯、多环芳烃、芳香胺、树脂化合物、醛和亚硝胺等一系列有害物质。VOCs 多半会发生光化学反应，在太阳光照射下，容易发生光化学烟雾事件，即 VOCs 与大气中的氮氧化物反应生成二次污染物（如臭氧），从而增加臭氧的浓度，对人体健康造成一定的危害，也会危害农作物的生长。

工业生产过程中会产生大量工业固体废物，工业固体废物种类繁多，大概可分为 16 类，1 000 多个品种，工业固体废物对环境危害性较大，常见的工业固体废物有金属、橡胶、玻璃、塑料、化学纤维、废纸等。此类工业固体废物数量大、成分复杂、种类繁多，如果不及时处理会污染大气、水和土壤等，甚至通过食物链进入人体内，对人体健康产生危害[21]。

57. 工厂和工业园区建设中常见的环境保护措施有哪些?

针对工业废水，传统的工业园区废水处理系统主要包括预处理和生物处理，部分污水处理厂还设有深度处理。预处理主要采用物化法，包括格栅、隔油、气浮和混凝沉淀等工艺；生物处理是主体处理单元，可分为厌氧生物处理和好氧生物处理，同时，部分园区还设有水解酸化辅助处理。在经过生物二级处理后，废水中的大部分有机污染物被去除。然而，随着国家对处理出水水质标准的提高，单纯的生物处理工艺已很难满足现行排放标准的要求，许多园区为实现达标排放，增设了深度处理单元。深度处理工艺可以分为混凝、吸附、高级氧化、膜工艺 4 种。

针对废气，尤其是对 VOCs 的治理，首先应从源头控制，通过工艺的优化，减少其排放。选择 VOCs 治理方案时，要根据 VOCs 废气种类、废气浓度、处理效率的要求选择合适的处理工艺。目前，主要的治理方法包括吸附法、吸收法、冷凝法、膜分离技术、燃烧法、生物法。

1）吸附法是利用吸附剂将 VOCs 截留，使气体得到净化。吸附法一般采用物理吸附，吸附过程可逆，吸附剂再生后可循环使用。吸附法主要用于处理低浓度有机废气，去除率可达 90%以上。常用的吸附剂有活性炭、分子筛等。

2）吸收法一般采用物理吸收，主要用于处理大气量、中等浓度的有机废气，对一些 VOCs 的处理效率可达 95%以上。常用的吸收液主要为柴油、煤油水等。

3）冷凝法是利用 VOCs 和空气在不同温度下具有不同饱和蒸气压这一性质，采用降低系统温度或提高系统压力的方式使 VOCs 气体冷凝，并从混合的气体中脱离出来。冷凝法适用于回收浓度大于 25 g/m^3 的有机废气，在相应温度下，VOCs 的原始浓度越大，脱除率越高。

4）膜分离技术是利用具有选择透过性的高分子膜来分离净化有机废气。该方法适用于处理高浓度、小流量和有较高回收价值的有机废气的回收，回收效率较高，用于回收废气中的丙酮、甲醇、乙腈、甲苯等，回收率可达 97%以上。

5）用燃烧的方法将有害气体、蒸气、液体或烟尘转化为无害物质的过程称为燃烧法。燃烧法包括直接燃烧、热力燃烧和催化燃烧 3 类，直接燃烧法处理 VOCs 浓度为 5 000～10 000 mg/m^3，热力燃烧法处理 VOCs 浓度为 500～5 000 mg/m^3，催化燃烧处理 VOCs 浓度为 2 000～6 000 mg/m^3。燃烧净化法只适用于净化可燃或在高温情况下可以分解的有害物质，去除率可达 95%以上。

6）生物法是利用滤料介质中的微生物分解废气中的有机物的方法。常见的处理 VOCs 的生物法有生物洗涤法、生物过滤法和生物滴滤法。生物法对 VOCs 去除率大都在 90%以上。

工业固体废物处理技术包括填埋处理、焚烧处理、水泥固化处理、石灰固化处理、塑性固化处理。

1）填埋处理是一种比较常用的工业固体废物处理技术。根据不同的填埋深度分为浅层填埋和深层填埋两种；根据填埋物的不同性质以及填埋场地地理结构不同分为惰性填埋、卫生填埋和安全填埋等。目前，卫生填埋和安全填埋是最常用的填埋方式，卫生填埋适用于一般工业固体废物的填埋，安全填埋适用于危险废物的填埋。

2）工业固体废物中包括很多有机废弃物，很多工业固体废物中含有有机成分，焚烧技术用于处理有机工业固体废物和工业固体废物中的有机成分，可以减小废弃物的体积，燃烧也会产生大量热量。因此，焚烧技术对于处理此类工业固体废物是有效的，焚烧产生的热量也可以进行合理利用，实现对资源的循环利用，提高资源的利用率。

3）水泥固化技术是一种针对工业固体废物的处理技术，水泥是最常用的一种固化剂，也是一种无毒无害的固化剂，水泥的固化效果能够得到保证。水泥固化技术是用水泥将工业固体废物密封起来，阻止工业固体废物中的有害物质扩散到环境中，同时水泥不会对环境造成二次污染，水泥固化技术可以起到将废弃物与环境隔绝的作用，实现对工业固体废物的处理。

4）石灰固化技术适用于工业固体废物的处理，该技术具有独特优势，第一，工业固体废物处理中难免会遇到一些含有重金属和有毒元素的废弃物，石灰固化技术能够对此类有毒废弃物中的有毒物质进行消毒，提高处理效果，减少二次污染；第二，石灰固化技术相较水泥固化技术操作更简单，成本更低，是一种性价比很高的处理技术；第三，石灰处理技术对环境影响小，石灰本身是一种容易获取的天然材料，而且石灰具有一定的消毒功能，在实际操作过程中工序简单，不但能对工业固体废物进行处理，也能起到对环境消毒的作用，提高工业固体废物的处理效果。

5）塑性固化技术是一种新型的工业固体废物处理技术，工业固体废物不但体积大，而且占地面积也很大。随着时间的积累，工业固体废物中有毒物质会随着空气和雨水进入环境造成污染，塑化技术可以对一些特殊的工业固体废物进行处理，其处理方式是改变工业固体废物的物理外形，压缩废弃物的体积，缩小废弃物的占地面积，实现工业固体废物处理的目的。此外，在减小工业固体废物的占地面积的同时，可以有效避免工业固体废物中的有毒物质进入环境中，提高工业固体废物的处理效果[21]。

58. 铁路建设项目可能产生哪些环境影响?

对植被生态的影响。高速铁路的建立通过森林、草地、城市绿化等环境敏感区时，路基和桥梁工程的占用地对环境产生分割影响。同时，工程施工会破坏地表植被，加剧水土流失，改变动物栖息环境；而隧道下穿引起地表水漏失，水源逐步枯竭、植被干枯。高速铁路建设工程在用地（永久和临时）过程中，地表覆盖的植被会发生变化，永久性用地丧失了原有的功能；临时用地（施工便道、混凝土拌站等）也会影响原有的土壤、植被等，使生态环境变得脆弱和敏感。在施工过程中，产生大量的弃土和弃渣，原有地表的自然结构发生变化，植被部分被破坏。

对土地资源的影响。高速铁路建设工程中路基、站场等需要占用大量永久性用地，施工过程中混凝土搅拌站与填料拌和站、施工便道及工棚等还需占用大量临时用地，尤其是占用耕地，将影响沿线农业生态系统。此外，还会造成“夹心”的现象。在施工期会产生建筑垃圾和生活垃圾等固体废物，其中，建筑垃圾主要为拆除废料和施工废料。在铁路运营期内，旅客列车及站段职工会产生生活垃圾等固体废物[22]。

对水资源的影响。高速铁路桥涵工程会影响河流溪谷的过水断面，从而影响行洪及当地农灌系统。隧道开挖引起地下水漏失、涌突水，可能造成周围地区地表水水源逐步枯竭、植被干枯，造成地表居民生活、生产用水及生态用水受影响等。施工期隧道施工废水和涌水、桥墩施工废泥水、施工机械设备等废油污水和生活污水等以及运营期生活和生产废、污水可能污染水源保护区水质。

对水土保持的影响。高速铁路路基、站场工程施工将破坏植被、地貌，对原有水土保持功能造成损坏，加剧水土流失。桥梁墩台施工扰动周围地表，易造成水土流失；隧道洞口的施工会损坏洞口周围原有水保功能，在雨季易造成水土流失；取土场、施工场地等临时占地开挖将形成较多挖损地貌，从而加剧水土流失；弃渣场遇暴雨或上游汇水下泄时，易产生严重冲蚀，形成泥石流、滑坡坍塌等，甚至影响农田水利设施及河道航运等。

对声环境的影响。高速铁路施工期内，产生噪声影响的主要因素是各类施工机械、运输车辆及爆破施工会产生振动影响；高铁运营期内，主要是高速列车运行过程中产生的轮轨噪声、空气动力噪声、机车鸣笛噪声、列车制动噪声、站内广播噪声等。同时，列车运行时轮轨间机械振动，传播到地面后以振动的形式表现出来。

对空气环境的影响。高速铁路建设对空气的污染主要来自施工期土石方开挖填筑产生的粉尘、车辆运输产生的二次扬尘以及车辆和机械设备使用产生的燃油废气等。此外，由于施工中植被破坏造成地表裸露，在风力等因素影响下也会产生扬尘。但随着铁路的快速发展，电气化铁路比例逐年提高，内燃机车大气污染物的排放量在逐年降低。铁路行业生产生活的热源供应方式已由过去的燃煤锅炉转变为市政集中供热、电加热等清洁能源。预计未来几年内随着技术改造力度的进一步加大，燃煤锅炉的数量将进一步降低。

对地质灾害的影响。高速铁路在施工期和运营期内，可能会引发一些新的地质灾害。首先，高速铁路在施工期内，沿线的采石取土可能会引起崩塌；深路堑需要开挖山体，崩塌也可能发生；在隧道洞口开挖过程中，出于地质等原因也可能引起崩塌。其次，在高速铁路建设过程中，隧道洞口的开挖、路堤的填筑、路堑的开挖，取土，弃土过量堆积，在雨水或冰雪消融等诱因作用下，土石堆积的斜坡角逐渐超过其临界休止角导致松散土体结构出现崩溃而形成滑坡。最后，在高速铁路建设过程中，路堑、桥涵、隧道开挖形成的弃渣等堆积物可能阻碍地表径流或水流通道，在强烈的降水条件下渗透进入堆积体，使之变形快速液化，进而形成泥石流[23]。

59. 铁路建设项目中常见的环境保护措施有哪些？

高速铁路建设具有点多、线长、规模大、周期长、动用机械车辆多、施工队伍庞大、呈带状分布的特点。因此，建设世界一流的高速铁路必须实现与生态环境建设的相互协调发展，这也是高速铁路建设者义不容辞的责任。

在设计阶段，包括在选线设计，设计理念，路基、轨道设计，桥涵设计，隧道设计，站房设计等方面要充分体现生态环保。

1）所谓“环保选线”，就是环境评价从工程的前期工作阶段一开始，就同线路、地质、桥梁、隧道、路基等专业一起介入线路方案的研究和设计工作中，优先体现生态环境保护要求。因此，高速铁路在选线、选址方案比选时，原则上最大限度地绕避和远离环境敏感区，如重点文物保护区、自然保护区等。无法避开时，必须避开它的核心和缓冲区部分，做到高铁建设与生态环境保护并重。如向莆高速铁路由于沿线地区需要环境保护的工程众多，在选线时采取最大限度绕避措施。在线路设计中，充分考虑沿线各生态敏感区域的环境保护，经过线路方案比较，完全避开了森林公园、饮用水水源一级保护区，综合考虑区域内其他敏感区域，避开了绝大多数的重要环境保护目标，从根源上最大限度减少高速铁路建设对生态环境的影响。

2）设计理念。一是高速铁路设计充分体现“宜桥则桥，宜隧则隧”，即对有条件的线路尽量以桥梁、隧道的形式通过。据统计，铁路路基、桥梁平均 1 km 占用土地分别约为 70 亩①、27 亩，隧道的用地则更少，如武广高速铁路采用了以桥代路的方式，可以减少对沿线地带的切割，节省土地约 2 500 亩。同时，把隧道设置在稳固地层，既节约用地，又减少对山林植被的影响。二是高速铁路建设尽量与公路、既有铁路共用同一走廊，最大限度地减少高填深挖及夹心地，并尽量集中设置沿线设施。三是高速铁路建设在不受立交和水文等因素控制地段，尽量优化线路纵坡，为减少展线长度，可采用与地形条件相适应的最小曲线半径及最大坡度标准，结合支挡措施和防护减小开挖面，避免高填深挖以减少占地宽度。四是弃渣场设置挡墙，并进行统一植草、植树绿化，完善排水体系，最大限度防止水土流失。五是施工通过不良地质区域时，对崩塌、滑坡、泥石流等问题进行

① 1 亩≈666.7 m^2。

专项设计，减少地质灾害、水土流失。

3）路基、轨道设计。在高速铁路设计中，尽可能地对路基边坡进行植被防护，对线路两侧、车站区域分别实施绿色通道工程、绿化及美化工程，并对高铁施工的临时用地进行生态恢复，以满足生态环保要求。对于路堤和路堑设计，取土场、弃土场的选址尽量利用空地、旱地、荒地，工程完工后整平绿化、造田复耕，归还地方使用。对占用的农用地，充分考虑土地平衡与补偿措施，减少工程对农田的影响。

4）桥涵设计。高速铁路桥梁建设注重生态环境的保护和可持续性，以人与自然和谐共处为设计规划的指导思想，考虑生态系统健康发展，把握工程安全性与经济性原则、保持河流生态系统空间异质性原则、景观尺度及整体性原则这三大基本原则。

5）隧道设计。多遵循“早进晚出”的原则，洞口避免高边坡、高仰坡，把洞门景观和仰坡绿化作为重点，通过采取各项工程措施，尽量减少对山体和原有植被的破坏，施工产生的弃渣尽可能作为路基填料。同时，施工期加强环境监测监控，对隧道岩溶、裂隙水发育地段做好超前地质预测预报，采取以堵为主、控制排放等综合措施，以减少地下水漏失影响。

6）站房设计。在设计铁路站房过程中，通过大量运用节能环保概念和相应新技术、新材料，节能环保效果良好。如北京南站除了大面积采用光伏发电和充分利用自然光照明外，还通过使用热电冷三联供和污水源热泵技术，实现了能源的梯级利用，是中国国内使用节能环保技术中规模最大的一项工程；高速铁路对车站、列车的各类垃圾，设立合理的垃圾转运站进行分类处理；厂家对动车组定期更换的蓄电池进行专业回收处理，消除了危险固体废物危害；设立合理污水处理厂对各类污水污物进行自动、高效的处理，排放标准达到国家规定的要求，避免了污染。

在施工、运营阶段，施工方自身、实体工程、噪声和振动环境方面都要注重环保。

（1）施工方自身

一方面是在沿线河流两侧及水源保护区等陆域范围内禁止设置各种临时施工驻地、场地，并不得进行取土和弃渣，且在施工期加强水质监控，以避免对水源水质产生影响。在隧道开挖过程中避开或保护储水结构层和蓄水层，以防止隧道周边地表和地下水漏失、地面下陷。采取“以堵为主、控制排放”的综合措施，减少地下水的损失，同时进行环境监控，以便及时发现问题及时采取整改措施。另一方面是施工营地尽量租借当地既有的房屋，对隧道、桥梁等工程施工，混凝土搅拌场等施工废水进行相应沉淀、消污等处理达标后排放。生活污水尽量根据情况优先排入城市既有管网，对无条件的经化粪池等处理后排放。此外，对施工车辆、机械设备加强维修、保养等管理，防止其出现“跑、冒、滴、漏”现象，尽量减少对当地水质的污染。

（2）实体工程

一是做好路基、桥涵、站场等工程排水系统，顺接原有排水系统，使得地表径流畅通，不得强行改变径流的方向。二是渣场位置应合理选择，落实水土保持措施。必须先挡后弃，做好排水处理措施，并分层堆放夯实，表面覆土绿化植被、造林或造田复耕。三是深路堑边坡防护施工要逐级开挖、逐级防护，及时进行夯实、绿化和落实其他水土保持措施，减少水土流失；高路堤的填方尽量移挖作填，随填随夯；在完成路基主体工程的同时完成坡面防护、植草绿化工程等水土保持工程措施。四是在桥梁工程施工时，要把水中墩台施工弃土运到岸上进行妥善处理，避免堆弃河滩；要及时采取有效措施对开挖的河岸边坡进行防护，以减少水土流失。施工结束后，要做好场地清理整理，并及时恢复原地貌。五是按水土流失防治体系严格实施。分别采取边坡截排水防护、植草绿化等措施，进行综合防治，以达到防治目的。如武广高速铁路做到了施工与防护的同步进行，在普通线路的边坡上进行植被护坡；对于桥梁锥体、浸水路堤等特殊地点，则采用片石铺设挡墙，既可以稳固土体、防止坍塌，又可以有效防止水土流失和美化外观。

（3）噪声和振动环境

一是合理布设施工期施工场地，尽量把料场及搅拌设备设置在远离居民区、学校等环境敏感点附近，严格采取相应围挡封闭降噪措施。施工时间合理安排，尽量在夜间不施工或安排低噪声施工作业，以尽量减少施工噪声的影响。二是合理设置施工便道、安排车辆通行时间，居民区采取减速和限制车辆鸣笛等措施，从而减少噪声扰民，并在施工期进行环境噪声监控。三是在运营期对居民住宅、学校等敏感点受铁路噪声影响超标的区域采取降噪措施。此外，对铁路外轨中心线 30 m 内两侧的建筑物，采取声屏障、隔声窗等措施，使噪声达标。四是合理规划铁路沿线两侧土地功能。为减少噪声扰民情况的发生，不得在铁路外轨中心线 30 m 以内新建学校、医院等噪声敏感建筑物；不宜在铁路外轨中心线 30 m 以外、200 m 以内区域新建居民住宅等噪声敏感建筑物，减少噪声影响[23]。

60. 高速公路建设项目可能产生哪些生态环境影响？

高速公路建设项目会对沿线土壤结构造成破坏，从而影响当地的生态环境。在建设高速公路过程中，需要对土地进行征用、取方挖土及作业；另外高速公路是带状工程，牵涉的面积比较大且对于周围环境会带来很大的影响。例如，会影响周围动植物，造成水土流失、生态失衡，产生废气和尘埃等。

（1）对周围动植物的影响

在施工过程中，施工形成的廊道会阻碍动物的迁徙活动，同时也会对动物的活动带来一定的限制，缩小它们的活动范围、影响活动区域、改变迁徙路径、限制栖息区域及觅食范围等。施工期间由于占据土地，也会对周围的植被带来一定的破坏。此外，许多野生动物的栖息地以及食物来源会受到破坏。生态系统牵一发而动全身，与之相关的动植物和微生物的繁衍生长等也会受到干扰，动物迁徙他处甚至死亡。

在高速公路施工过程中，施工人员向附近河道排放污水以及生活垃圾，以及施工过程中废弃的材料等污染物、冲洗机械物料的废水等，都会对周围的生态环境造成破坏，严重影响当地的自然生态，造成河道淤塞、水源污染、水质下降，进而影响水生生物的生长。

对于高速公路施工沿线的植物而言，由于公路在施工过程中，会对原有的地面进行开挖或者填筑，这无疑会改变当地的土壤土层结构以及土壤的补给能力，导致施工区域植物的生长能力下降。公路的建设更是改变了土地的使用功效，在公路建设区域内植物会得到永久性毁灭，施工、运输车辆扬起的灰尘覆盖在施工区域附近的农作物上，影响其光合作用，导致农作物减产以及影响花草树木的正常生长。

（2）对于水土流失的影响

公路建设开挖填埋造成的土层松动，进一步加深了水土流失的后果。施工过程中开挖路基、架设桥梁、修筑防护路基、采石采砂等一系列行为，都会改变原地表的形态，降低表层土地的抵抗力，从而加重水土流失。

（3）对沿线景观的影响

高速公路的修建会对沿线景观产生不可避免的影响，使原来的天然景观逐渐现代化，原先成片的绿色农田被公路所取代，自然形态下的地形地貌也被切断。而且高速公路的建设会对沿线的植被产生一定的破坏，使地面裸露、影响自然景观的美观。高速公路的开挖填埋会破坏自然地貌的连续性，例如，会切断山脉、森林，阻断草地、平原等，破坏自然景观。

（4）对农业生态的影响

高速公路的建设势必会对农业用地产生影响。最直观的表现就是高速公路建设使耕地面积进一步减小，农民可用于耕地的面积进一步缩小；而高速公路的建设会在一定程度上导致水土流失，由于土壤肥力的下降，进而导致土壤的结构发生改变；高速公路建设会导致沿线地区农民的经济收入呈现下降趋势，而且对于农民个体的影响比较严重。此外，由于高速公路建设，临时性施工占用土地，如临时住房、拌料场等，会使农业生产中断，丧失农业产能。不过这些只是在施工期间产生的影响，在施工结束之后经过清理和修复，土地会基本恢复生产能力，不会对农业生产产生永久性的伤害。

此外，高速公路建成之后车辆通行增多，车辆带来的噪声增大，同时也面临着空气污染的问题，同时，公路上行驶的车辆种类多样，运输的物品也是种类繁多，其中不乏化学用品，一旦产生交通事故，也会对周围的动植物和自然生态带来破坏。

（5）高速公路廊道效应

高速公路的结构决定了廊道效应的产生。公路工程是在自然景观中嵌入的人工工程，公路网的形成将原本完整一体的自然景观分割成众多块状的景观单元，在一定程度上影响了景观的连续性和完整性，阻碍了生态系统内部物质和能量的交换；另外公路的建设增加了景观的破碎度，同时也对生态系统的发展和演变产生一定的影响。有荷兰学者在“交通噪声与鸟类繁殖密度关系研究”中提到，通过对40余种鸟类的观察研究得知，交通噪声可能会影响鸟类的繁殖率，噪声级别的大小也会影响鸟类的繁殖密度。由于公路的廊道效应，在经营过程中，公路将生物生存空间进行切割，公路附近很容易产生撞伤动物的情况，另外由于汽车在行驶过程中产生的废气、噪声等会影响生物生存的环境，导致水质恶化、空气质量变差等，引起生物发育不良，影响其繁殖性能，增加疾病产生率，降低其疾病抵抗能力，甚至威胁到整个生物群落。

（6）高速公路运营过程中的噪声和废气污染

在汽车行驶中发动机运转、和路面的摩擦、汽车喇叭的声音以及公路沿线的服务设施都会产生一定的噪声。这些噪声会对附近的生物产生干扰，降低人们的工作效率。同时，汽车尾气中含有多种有害化学物质会影响周围动植物的生长。在公路营运期间，道路扬尘、车辆运输中货物的撒落等，特别是经过雨水冲刷后污染物流入河流会使其中的有害物质浓度增加，影响水生生物的生长发育。汽车尾气中含有的一氧化碳、氮氧化物、硫化物等排放到大气中，渗透进土壤、水体中都会对沿线的生物产生不良影响，甚至会对周围的气候产生影响。这种影响会随着公路运营时间的延长而不断增加。

（7）高速公路的小气候特征

公路的小气候是由其路面性质和周围的大气成分决定的。组成公路路面的材料中含有与周围地面土壤完全不同的成分，如水泥、沥青等，这无疑改变了地表、地下水环境。高速公路下垫面的性质使其对太阳辐射的吸收和反射作用不同，沥青以及水泥路面的热容量小，反射率大，下垫面温度较高。通过研究发现，在白天，特别是在盛夏时节，水泥沥青路面的表面温度能够快速升至40℃以上，而且道路上方空气粉尘以及二氧化碳含量较高，公路就是一个热浪带，使其周围形成干热的小气候特征，造成周围局部气候的恶化[24]。

61. 高速公路建设项目中常见的环境保护措施有哪些？

高速公路的环境保护工作是一个系统工程，贯穿了整个项目的规划、设计、施工和营运等阶段。因此，实施全过程的环境保护有助于实现高速公路建设的可持续发展。

（1）防治水土流失措施

高速公路修筑时应尽量减少破坏地貌及植被。在河道和海域边筑路不得将土石倾入水体，应结合路基安全措施修筑沿河防洪堤，废土、弃石应合理堆放在指定范围内或用于加高堤身。在工程竣工时，应搞好护坡造林和种草，废物料应整修加固使之具有一定的稳定性并满足防冲要求。同时，以高速公路建设施工区两侧为重点防治区域采取系统防治措施。针对道路施工，按挖方、填方、半挖半填等类型分别采取护坡、挡土墙和生物措施。修建拦渣坝，弃渣表面覆土造林控制危害。

（2）节约土地利用

临建施工项目租用民房或公房作为工作和生活区，尽量不用或少用临建，从而减少公路建设的临时用地；将预制场、砂石料搅拌场建在路基上；将沥青搅拌站建在弃土场。节约用地主要技术方法：①低路堤；②以桥代路；③以隧代路；④土地复垦；⑤以挡墙替代边坡。除上述几种技术方法外，加强节约土地的规划与管理也能在公路建设中节约大量土地。

（3）水资源保护措施

完善排水工程设计不使路面径流水直接排入敏感水体。施工中实施排水系统措施及各类防护工程以减轻水土流失。桥梁下部结构施工应在枯水季节进行并采取措施与水体隔开。为降低桥面径流对水体水质的影响，大桥两端坡面宜以草皮覆盖。因公路施工使农田排灌系统改变时应予重建或改建。施工营地生活污水应经化粪池简易处理后排放，生活垃圾应及时清运。公路营运期应设污水处理池，对污水进行处理达标后排放。同时，含有污染物的施工材料堆放地点应远离河流、水库、水塘等以防止雨水冲淋排入水域。废油、废擦布等集中处理，严禁向河道或水库弃土或倾倒施工垃圾。严禁各种泄漏、散装、超载的车辆在公路上散落物品造成水体污染。

（4）野生动植物的保护对策

对路线方案进行认真比选，尽量避开环境敏感区，公路中心线距省级以上自然保护区边缘不小于 100 m。公路通过林地时应严格控制林木的砍伐数量；经过草原时应注意保护草原植被。公路进入湿地时应认真做好设计及施工方案，力求避免造成生态环境的重大改变，保护水生生物、两栖类生物及鸟类等的生息环境。在有国家级保护野生动物出没路段应设置预告、禁止鸣笛等标志并为动物设置足够数量的通行兽道。在公路用地范围内进行完善的绿化设计，中央分隔带内栽植灌木、花卉，地面铺草皮。同时，路基边坡采用工程防护和植物防护（草、藤）相结合的方法，及时恢复因施工而破坏的植被和生态环境，条件许可时可在道路两侧设置一定宽度的控制绿化带。

（5）大气环境保护措施

施工扬尘对靠近施工现场的人员造成了一定的影响。治理措施：一方面，采用在施工现场洒水这种方法，可使扬尘减少 70%，收到较好的降尘效果；另一方面，对运输土、砂、石的车辆要求加盖篷布材料，临时堆场也要进行洒水。根据当地气候和土壤特点在靠近公路两侧，特别是环境敏感区附近密植乔木、灌木，这样既可以净化吸收车辆尾气中的污染物、衰减大气层中的悬浮微粒，又能起到美化环境、降低噪声以及改善公路路域景观的作用。严格执行车辆排放检验制度，利用收费站对汽车排放状况进行抽查，限制尾气排放严重超标的车辆上路。

（6）噪声的防治措施

要求在施工路段特别是周围有村庄的施工现场，自22时至次日6时停止施工；能固定安装使用的机械应安放在距居民点200 m以外的场地；操作机械人员定时轮换，减少工人单独接触高噪声的时间，同时，注意保养机械使筑路机械维持其最低声级水平；对在声源附近工作时间较长的工人应采取发放防声耳塞等保护措施，使工人进行自身保护；在整个施工期间尽量做到文明施工，使工程对周围环境的影响降到最低；加强交通管理，上路前进行车辆噪声监测；适当设置遮蔽物，如修建高围墙、设置声屏障、临路两侧密集植树、绿化建筑物、设置双层窗或封闭外走廊等；对超过噪声标准的路段采取降噪措施，附近有学校的路段两端设置禁止鸣笛标志。

（7）生态脆弱区保护措施

湿地：湿地路段对生态环境影响的大小取决于占用湿地的生态功能，也取决于采取的保护措施。假如，一条公路必须穿越一片河口湿地，用桥梁跨越的生态影响就比填筑路基小得多。因为桥梁可以基本保持河口湿地的水文状态，而路基则会使河口封闭和水文状态发生根本变化。所以当公路侵入湿地时，路线宜布设于湿地边缘或采用高架桥、间续修桥等方案。

荒地：高速公路设计中为了减少耕地和林地占用，公路线位往往首选荒地通过，这样会对生态系统产生分割、缩小、功能降低等影响，有些动物可能因阻隔或生境恶化而绝迹。所以公路穿越大片荒地时，应进行动植物多样性调查以确定被保护物种是否有需要抢救。

自然保护区：公路直接穿越自然保护区时会使自然保护区的动植物资源受到盗猎、偷伐、滥采乱挖的破坏。自然保护区土地亦会受到蚕食，保护区的动植物生境也因周围地带的开发利用、水文气候条件变化而逐渐恶化，产生根本性的甚至是毁灭性的影响。所以，公路侵入自然保护区时应严格控制森林的砍伐数量，在有野生动物出没路段应设置预告、禁止鸣笛等标志，并视需要结合立体工程设置兽道。施工结束后清理河道中的工程废弃物[24]。

第4章

国内绿色工程相关的政策法规

建立健全相关政策法规体系，形成有效激励和约束机制，可增强企业实施绿色工程的主动性和积极性，促进和鼓励绿色工程的开展和实施。目前，我国围绕相关技术、生态工程、绿色建筑、绿色施工、绿色电力、绿色交通、绿色工厂和园区、绿色能源、绿色制造等出台了一系列政策法规。本章重点介绍上述领域现行政策。

62. 为什么要建立及完善绿色工程相关的政策法规？

在推进绿色工程的过程中，政府职能部门和行业协会发挥着十分重要的作用。作为政府职能部门，需要对绿色工程管理制定长期规划与策略，并确保绿色工程的审批及验收流程符合标准，进一步完善绿色工程管理系统，为绿色工程管理工作制定宏观整体的管理框架，只有这样才能够确保绿色工程实现持续稳定的发展。新建工程节能监管方面，需要建立和完善从立项、规划、设计到施工、验收等各环节、全过程、全方位的节能监管闭合体制机制，从最初设计阶段到最终验收阶段都必须受到相关规范的制约，这样才能使管理工作落实到位。

63. 低碳、零碳、负碳技术相关的政策法规有哪些？

2021年7月，教育部印发了关于《高等学校碳中和科技创新行动计划》的通知，该通知指出，加快碳减排关键技术攻关，加快碳零排关键技术攻关，加快碳负排关键技术攻关。

（1）碳减排关键技术（低碳）。围绕化石能源绿色开发、低碳利用、减污降碳等开展技术创新，重点加强多能互补耦合、低碳建筑材料、低碳工业原料、低含氟原料等源头减排关键技术开发；加强全产业链、跨产业低碳技术集成耦合，低碳工业流程再造，重点领域效率提升等过程减排关键技术开发；加强减污降碳协同治理与生态循环，二氧化碳捕集、运输、封存以及非二氧化碳温室气体减排等末端减排关键技术开发。

（2）碳零排关键技术（零碳）。开发新型太阳能、风能、地热能、海洋能、生物质能、核能等零碳电力技术以及机械能、热化学、电化学等储能技术，加强高比例可再生能源并网、特高压输电、新型直流配电、分布式能源等先进能源互联网技术研究；开发可再生能源、资源制氢、储氢、运氢和用氢技术以及低品位余热利用等零碳非电能源技术；开发生物质利用、氨能利用、废弃物循环利用、非含氟气体利用、能量回收利用等零碳原料、燃料替代技术；开发钢铁、化工、建材、石化、有色金属等重点行业的零碳工业流程再造技术。

（3）碳负排关键技术（负碳）。加强二氧化碳地质利用、二氧化碳高效转化燃料化学品、直接空气二氧化碳捕集、生物炭土壤改良等碳负排技术创新；研究碳负排技术与减缓和适应气候变化之间的协同关系，引领构建生态安全的负排放技术体系；攻关固碳技术核心难点，加强森林、草原、湿地、海洋、土壤、冻土的固碳技术升级，提升生态系统碳汇。

2021 年 10 月，《中共中央　国务院关于完整准确全面贯彻新发展理念做好碳达峰碳中和工作的意见》（以下简称《意见》）印发。在加强绿色低碳重大科技攻关和推广应用方面，该《意见》明确提出，制定科技支撑“双碳”行动方案，编制碳中和技术发展路线图。采用“揭榜挂帅”机制，开展低碳、零碳、负碳和储能新材料、新技术、新装备攻关。

2022 年 8 月 22 日，工信部发布《信息通信行业绿色低碳发展行动计划（2022—2025 年）》（工信部联通信〔2022〕103 号），提出到 2025 年，信息通信行业绿色低碳发展管理机制基本完善，节能减排取得重点突破，行业整体资源利用效率明显提升，助力经济社会绿色转型能力明显增强，单位信息流量综合能耗较“十三五”期末下降 20%，单位电信业务总量综合能耗较“十三五”期末下降 15%，遴选推广 30 个信息通信行业赋能全社会降碳的典型应用场景。

64. 生态工程相关的规划与建设有哪些?

2020 年 6 月，国家发展改革委、自然资源部印发《全国重要生态系统保护和修复重大工程总体规划（2021—2035 年）》。该规划是为贯彻落实党中央、国务院决策部署，由国家发展改革委、自然资源部会同科技部、财政部、生态环境部、水利部、农业农村部、应急管理部、中国气象局、国家林业和草原局（以下简称国家林草局）等有关部门，在充分调研论证的基础上，共同研究编制的总体规划。

2021 年 1 月，生态环境部印发《关于统筹和加强应对气候变化与生态环境保护相关工作的指导意见》（环综合〔2021〕4 号），提出协同推动适应气候变化与生态保护修复。重视运用基于自然的解决方案减缓和适应气候变化，协同推进生物多样性保护、山水林田湖草沙系统治理等相关工作，增强适应气候变化能力，提升生态系统质量和稳定性。积极推进陆地生态系统、水资源、海洋及海岸带等生态保护修复与适应气候变化协同增效，协调推动农业、林业、水利等领域以及城市、沿海、生态脆弱地区开展气候变化影响风险评估，实施适应气候变化行动，提升重点领域和地区的气候韧性。

2021 年 12 月 22 日，国家发展改革委、科技部等部门联合印发《生态保护和修复支撑体系重大工程建设规划（2021—2035 年）》（以下简称《规划》），以服务“双碳”目标，完善生态碳汇监测相关理论、方法与技术体系，提高碳汇监测与评价能力，对我国生态碳汇现状空间分布格局、动态变化规律及其驱动机制开展调查监测。《规划》提出到 2025 年，重要领域、重点区域生态保护和修复科技创新进展明显，服务于生态保护和修复的基础研究和技术创新平台进一步完善，科技保障服务能力明显增强；“天空地”一体化自然生态监测监管网络基本建立，自然生态系统保护和重大工程建设监管能力显著提升，森林、草原、河湖、湿地、海洋、水资源、水土保持、荒漠化、石漠化、外来物种入侵等相关领域调查监测体系更加完善；重点区域的森林草原火灾综合防控能力、林草有害生物防治能力稳步提高，基层生态管护站点更加优化；气象服务生态保护和修复能力逐步增强，生态保护和修复支撑体系基本满足全国生态保护和修复重大工程建设的需求。重点支持生态保护和修复领域国家级科技支撑项目 100 项，森林、草原火灾受害率分别控制在 0.9‰、2‰以内，林业有害生物成灾率控制在 8.2‰以下，人工增雨雪率提高到 12%～15%。

2022 年 1 月 14 日，国家林草局、国家发展改革委、自然资源部、水利部联合印发《北方防沙带生态保护和修复重大工程建设规划（2021—2035 年）》。该规划指出，推进北方防沙带生态保护和修复，对服务京津冀协同发展、西部大开发等国家战略和“一带一路”倡议的顺利实施，保障中华民族生存和发展空间具有重要意义。

烟台市市场监督管理局牵头起草的《海洋牧场建设技术指南》（GB/T 40946—2021）于2022年6月1日起实施，是我国首个海洋牧场建设领域的国家标准。《海洋牧场建设技术指南》（GB/T 40946—2021）共9章，界定了海洋牧场建设的术语和定义，确立了基本原则，给出了规划布局、生境营造、增殖放流、设施装备、工程验收等方面的指导意见，适用于海洋牧场的建设。主要技术内容涉及海洋牧场的规划布局、海洋牧场的生境营造、海洋牧场的增殖放流、海洋牧场的设施装备和海洋牧场的工程验收。

65. 绿色建筑相关的政策法规有哪些?

我国绿色建筑虽然起步较晚，但发展迅速，已基本形成了目标清晰、政策配套、标准完善、管理到位的体系。

2015年6月，住建部发布的《关于推进建筑信息模型应用的指导意见》强调了建筑信息模型（BIM）在建筑领域应用的重要意义，并明确了BIM的发展目标。到2020年年末，在新立项项目的勘察设计、施工、运营维护中集成应用BIM的项目比率达到90%，以国有资金投资为主的大中型建筑和申报绿色建筑的公共建筑和绿色生态式示范小区。

2015年11月，住建部发布的《被动式超低能耗绿色建筑技术导则（试行）（居住建筑）》借鉴了国外被动房和近零能耗建筑的经验，结合我国已有工程实践，明确了我国被动式超低能耗绿色建筑的定义、不同气候区技术指标及设计、施工、运行和评价技术要点，为全国被动式超低能耗绿色建筑的建设提供指导。

2016年9月，工信部发布的《建材工业发展规划（2016—2020年）》促进了绿色建材的生产和应用，提出到2020年，新建建筑中绿色建材应用比例达到40%

及以上。发展轻质、高强、耐久、自保温、部品化产品；高孔洞率、高强自保温的空心砌块和自保温砌块等烧结类产品；加气混凝土砌块、防水防腐保温复合一体化装配式建筑内墙和外墙板材等非烧结类产品，以及真空绝热板等本质安全、节能、绿色的保温材料。

2017年1月，国务院发布的《“十三五”节能减排综合工作方案》提出，到2020年，城镇绿色建筑面积占新建建筑面积比重提高到50%。实施绿色建筑全产业链发展计划，推行绿色施工方式，推广节能绿色建材、装配式和钢结构建筑。

2017年3月，住建部发布的《建筑节能与绿色建筑发展“十三五”规划》推动重点地区、重点城市及重点建筑类型全面执行绿色建筑标准，积极引导绿色建筑评价标识项目建设，力争使绿色建筑发展规模实现倍增。到2020年，全国城镇绿色建筑占新建建筑比例超过50%，新增绿色建筑面积20亿m^2以上。

2017年4月，住建部发布的《建筑业发展“十三五”规划》要求，提高建筑节能水平，全面执行绿色建筑标准，推进绿色建筑规模化发展，完善监督管理机制。

2018年12月，住建部发布《海绵城市建设评价标准》和《绿色建筑评价标准》的10项标准，旨在适应中国经济由高速增长阶段转向高质量发展阶段的新要求，以高标准支撑和引导我国城市建设、工程建设高质量发展。

2020年7月，住建部、国家发展改革委等多部门联合发布的《绿色建筑创建行动方案》指出，到2022年，当年城镇新建建筑中绿色建筑面积占比达到70%，星级绿色建筑持续增加，既有建筑能效水平不断提高，住宅健康性能不断完善，装配化建造方式占比稳步提升，绿色建材应用进一步扩大，绿色住宅使用者监督全面推广，人民群众积极参与绿色建筑创建活动，形成崇尚绿色生活的社会氛围。

2021年1月，《绿色建筑标识管理办法》指出，规范绿色建筑标识，表示绿色建筑星级并载有性能指标的信息标志，包括标牌和证书，绿色建筑标识由住建部统一式样，证书由授予部门制作，标牌由申请单位根据不同应用场景按照制作指南自行制作。规范绿色建筑标识管理，推动绿色建筑高质量发展。

2021年2月，《国务院关于加快建立健全绿色低碳循环发展经济体系的指导意见》指出，开展绿色社区创建行动，大力发展绿色建筑，建立绿色建筑统一标识制度，结合城镇老旧小区改造，推动社区基础设施绿色化和既有建筑节能改洁。

2021年3月，《国民经济和社会发展第十四个五年规划和2035年远景目标纲要》指出，推广绿色建材，装配式建筑和钢结构住宅，建设低碳城市。

2021年10月，《中共中央 国务院关于完整准确全面贯彻新发展理念做好碳达峰碳中和工作的意见》指出，大力发展节能低碳建筑，持续提高新建建筑节能标准，加快推进超低能耗、近零能耗、低碳建筑规模化发展。大力推进城镇既有建筑和市政基础设施节能改造，提升建筑节能低碳水平。逐步开展建筑能耗限额管理，推行建筑能耗测评标识，开展建筑领域低碳发展绩效评估。全面推广绿色低碳建材，推动建筑材料循环利用，发展绿色农房。

2022年2月，《高耗能行业重点领域节能降碳改造升级实施指南(2022年版)》《建筑、卫生陶瓷行业节能降碳改造升级实施指南》指出，到2025年，建筑、卫生陶瓷行业能效标杆水平以上的产能比例均达到30%，能效基准水平以下产能基本清零，行业节能降碳效果显著，绿色低碳发展能力大幅增强。

2022年3月17日，住建部印发的《“十四五”建筑节能与绿色建筑发展规划》明确，到2025年，城镇新建建筑全面建成绿色建筑，建筑能源利用效率稳步提升，建筑用能结构逐步优化，建筑能耗和碳排放增长趋势得到有效控制，基本形成绿色、低碳、循环的建设发展方式，为城乡建设领域2030年前“碳达峰”奠定坚实基础。

66. 我国绿色施工的原则与要点有哪些?

绿色施工作为建筑全寿命周期中的一个重要阶段，是实现建筑领域资源节约和节能减排的关键环节。绿色施工是指在工程建设中保证质量、安全等基本要求的前提下，通过科学管理和技术进步，最大限度地节约资源并减少对环境负面影响的施工活动，实现“四节一环保”，实施绿色施工时应进行总体方案优化。在规划、设计阶段，应充分考虑绿色施工的总体要求，为绿色施工提供基础条件。实施绿色施工应对施工策划、材料采购、现场施工、工程验收等各阶段进行控制，加强对整个施工过程的管理和监督。

《绿色施工导则》规定绿色施工管理主要包括组织管理、规划管理、实施管理、评价管理和人员安全与健康管理5个方面。

（1）组织管理

1）建立绿色施工管理体系，并制定相应的管理制度与目标。

2）项目经理为绿色施工第一责任人，负责绿色施工的组织实施及目标实现，并指定绿色施工管理人员和监督人员。

（2）规划管理

1）编制绿色施工方案。该方案应在施工组织设计中独立成章，并按有关规定进行审批。

2）绿色施工方案应包括以下内容：

①环境保护措施。制订环境管理计划及应急救援预案，采取有效措施，降低环境负荷，保护地下设施和文物等资源。

②节材措施。在保证工程安全与质量的前提下，制定节材措施。如进行施工方案的节材优化，建筑垃圾减量化和利用可循环材料等。

③节水措施。根据工程所在地的水资源状况，制定节水措施。

④节能措施。进行施工节能策划，确定目标，制定节能措施。

⑤节地与施工用地保护措施。制定临时用地指标、施工总平面布置规划及临时用地节地措施等。

（3）实施管理

1）绿色施工应对整个施工过程实施动态管理，应加强对施工策划、施工准备、材料采购、现场施工、工程验收等各阶段的管理和监督。

2）结合工程项目的特点，有针对性地对绿色施工做相应的宣传，通过宣传营造绿色施工的氛围。

3）定期对职工进行绿色施工知识培训，增强职工绿色施工意识。

（4）评价管理

1）对照《绿色施工导则》的指标体系，结合工程特点，对绿色施工的效果及采用的新技术、新设备、新材料与新工艺，进行自评估。

2）成立专家评估小组，对绿色施工方案、实施过程至项目竣工，进行综合评估。

（5）人员安全与健康管理

1）制定施工防尘、防毒、防辐射等职业危害的措施，保障施工人员的长期职业健康。

2）合理布置施工场地，保护生活及办公区不受施工活动的有害影响。施工现场建立卫生急救、保健防疫制度，在安全事故和疾病疫情出现时提供及时救助。

3）提供卫生、健康的工作与生活环境，加强对施工人员的住宿、膳食、饮用水等生活与环境卫生管理，明显改善施工人员的生活条件。

67. 绿色电力相关的政策法规有哪些？

由于可再生能源电力行业的起步较慢，相关的法律法规随着时间的推进也在逐渐出台和完善。在《中华人民共和国可再生能源法》未出台前，国家对于可再生能源一直多以规章、政策的手段规制，如财政扶持、大力补贴、税收优惠等手段。在2005年《中华人民共和国可再生能源法》颁布之后我国形成了以《中华人民共和国可再生能源法》为主干，《中华人民共和国电力法》《中华人民共和国节约能源法》等法律法规组成了我国现在对可再生能源电力消纳的法律体系。

2021年4月，国家发展改革委发布《关于进一步做好电力现货市场建设试点工作的通知》，明确扩大电力现货试点范围，拟选择上海、江苏、安徽、辽宁、河南、湖北6省市为第二批电力现货试点省份。还明确了电力现货试点改革探索的主要任务，包括合理确定市场主体范围；推动用户侧参与市场结算；统筹开展中长期、现货、辅助服务；做好本地市场与各省市间的市场衔接；推动新能源参与到市场；探索容量成本回收机制；建立合理的费用疏导机制。

2021 年 6 月，《国家发展改革委关于 2021 年新能源上网电价政策有关事项的通知》发布，明确对新备案集中式光伏电站、工商业分布式光伏项目和新核准陆上风电项目，中央财政不再补贴，实行平价上网，同时，为支持产业加快发展，明确 2021 年新建项目直接执行当地燃煤发电基准价。该文件的出台有利于调动各方面的投资积极性，推动风电、光伏发电产业加快发展，促进以新能源为主体的新型电力系统建设，助力实现“双碳”目标。

2021 年 8 月，国家发展改革委发布《绿色电力交易试点工作方案》，通过开展绿色电力专场交易，对参与绿色电力交易的新能源发电主体核发绿证，在流通环节将绿色属性标识和权益凭证直接赋予绿色电力产品，实现绿证和绿色电力的同步流转，从而充分还原绿色电力的商品属性、保障绿色电力生产供应、鼓励用户侧绿色电力消费、实现多类型市场机制的衔接融合。

2022 年 1 月，国家发展改革委、工信部、住建部、商务部、市场监管总局、国家机关事务管理局（以下简称国管局）、中国共产党中央委员会直属机关事物管理局（以下简称中直管理局）联合印发了《促进绿色消费实施方案》，全面促进重点领域消费绿色转型、强化绿色消费科技和服务支撑、建立健全绿色消费制度保障体系、完善绿色消费激励约束政策。政策提出到 2025 年，绿色消费理念深入人心，奢侈浪费得到有效遏制，绿色低碳产品市场占有率大幅提升，重点领域绿色消费转型取得明显成效，绿色消费方式得到普遍推行，绿色低碳循环发展的消费体系初步形成。到 2030 年，绿色消费方式成为公众自觉选择，绿色低碳产品成为市场主流，重点领域绿色消费低碳发展模式基本形成，绿色消费制度政策体系和体制机制基本健全。

2022 年 1 月，国家发展改革委、国家能源局正式印发《关于加快建设全国统一电力市场体系的指导意见》，通过完善电力市场体制机制、创新市场模式，促进新能源的投资、生产、交易、消纳，发挥电力市场对能源清洁低碳转型的支撑作用；提出协同建设国家市场与省（区、市）区域市场，有序推动新能源参与电力市场交易，实现新能源在更大范围内的优化配置和协同消纳，推动构建适合中国国情、有更强新能源消纳能力的新型电力系统。全国统一电力市场的建设，可进一步实现电力资源在全国范围内的优化配置，促进新能源更大范围消纳，更好地与全国碳市场发展做好衔接，提高碳市场的运行效率。

2022 年 2 月，广州电力交易中心联合南方区域 5 个省级电力交易中心发布《南方区域绿色电力交易规则（试行）》，与此前在我国京津冀地区和浙江省等地区开展的绿色电力交易相比，“证电合一”的绿色电力交易依托全国统一的绿证制度和国家可再生能源信息管理中心提供的绿色电力查证服务，能够确保绿色电力从生产、交易到消纳的全生命周期都能够做到可追踪、可衡量、可核查。

2021 年 10 月，浙江省发展和改革委员会、省能源局、国家能源局浙江监管办公室联合发布《浙江省绿色电力市场化交易试点实施方案》，以绿色电力交易为引领，积极培育省内绿色能源新业态，有效保证新能源政策保障收益，积极探索以新能源为主体的新型电力系统发展路径，推动构建绿色低碳的现代能源体系。并通过市场机制形成绿色电力交易价格，严格执行输配电价政策，促进电力用户、发电企业和电网企业多方共赢。

68. 绿色交通相关的政策法规有哪些？

1989 年通过的《中华人民共和国环境保护法》修改版，对机动车船污染防治的各部门职能及要求做了详细规定，体现了我国交通运输业在环境保护工作发展步伐。环境与资源保护单行法规是根据宪法和环境保护基本法的规定，进一步具体化、详细化是政府进行环境规制的直接依据。单行法在环境法体系中所占的数量最多，地位也非常重要。在交通运输业环境规制发展的初期，与交通运输业环境规制相关的法律条文散见于综合性的单行环境规制法规中。涉及大气污染、水污染、固体废物污染、噪声污染、土地破坏和占用、能源消耗等方面的单行法中，都有对交通运输业污染的治理措施。

1996年颁布的《中华人民共和国环境噪声污染防治法》中明确规定环境噪声包括交通运输中所产生的干扰周围生活环境的声音。

2000年制定《中华人民共和国大气污染防治法》专门对防治机动车船排放污染作出了明确规定。

2002年通过的《中华人民共和国环境影响评价法》第八条规定交通、城市建设有关的专项规划，应当在上报审批前进行环境影响评价，并制定环境影响评价报告书。

2003年实施的《中华人民共和国清洁生产促进法》第二十一条规定生产机动运输工具，应当按照国务院标准化行政主管部门或者其授权机构制定的技术规范。

2007年修订的《中华人民共和国节约能源法》中详细规定了优先发展公共交通、鼓励节能环保型和非机动交通工具出行、清洁燃料和替代燃料开发管理、提高运输组织能源利用效率等内容。2009年开始实施的《中华人民共和国循环经济促进法》规定了交通运输业中采用机动车节油技术及循环利用报废机动车船部件。

2017年交通运输部印发《关于全面深入推进绿色交通发展的意见》，明确提出了绿色交通发展的一系列目标。

2022年，交通运输部发布了《绿色交通标准体系（2022）》，推动交通运输领域节能降碳、污染防治、生态环境保护修复、资源节约集约利用方面标准补短板、强弱项、促提升，加快形成绿色低碳运输方式，促进交通与自然和谐发展，为加快建设交通强国提供有力支撑。

69. 绿色工厂和园区相关的政策法规有哪些？

关于绿色产业、绿色技术和绿色产业园的发展，国家多次发布相关鼓励政策，从循环经济试点园区的开展到低碳工业园试点工业的推进，再到2020年开展的绿色产业园示范基地工作，都为我国各地工业园区的绿色及可持续发展指明了方向。

国家层面相关政策的汇总及解读如下：

2005 年，《国务院关于加快发展循环经济的若干意见》发布，开展循环经济示范试点。在重点行业、重点领域、产业园区和城市组织开展循环经济试点工作，探索发展循环经济的有效模式，进一步完善促进再生资源循环利用、降低污染排放强度的政策措施，树立一批先进典型，为加快发展循环经济提供示范。

2007 年 4 月，国家环境保护总局发布《关于开展国家生态工业示范园区建设工作的通知》（环发〔2007〕51 号），鼓励国家级经济技术开发区和国家高新技术产业开发区通过生态化改造申报综合类生态工业示范园区，支持开发区内具备条件的工业园区申报行业类生态工业示范园区和静脉产业类生态工业示范园区。

2011 年 12 月，国务院发布《“十二五”控制温室气体排放工作方案》，开展低碳产业试验园区试点。依托现有高新技术开发区、经济技术开发区等产业园区，建设以低碳、清洁、循环为特征，以低碳能源、物流、建筑为支撑的低碳园区。

2012 年 3 月，国家发展改革委发布《关于组织推荐 2012 年园区循环化改造示范试点备选园区的通知》，实施园区循环化改造示范试点工作，节能减排财政政策综合示范城市园区优先，国家或省级循环经济试点园区或国家生态工业示范园区优先。

2012 年 12 月，工信部、国家发展改革委、科技部等发布《工业领域应对气候变化行动方案（2012—2020 年）》，同样选择了一批基础好、有特色、代表性强、依法设立的工业产业园区，纳入国家低碳产业试验园区试点，开展工业领域低碳产业园区试点示范。

2013 年 9 月，工信部、国家发展改革委发布《关于组织开展国家低碳工业园区试点工作的通知》，选择了一批基础好、有特色、代表性强、依法设立的工业园区，通过试点建设，大力使用可再生能源，加快钢铁、建材、有色、石化和化工等重点用能行业低碳化改造；培育积聚一批低碳型企业；推广一批适合我国国情的工业园区低碳管理模式，试点园区碳排放强度达到国内行业先进水平，引导和带动工业低碳发展。

2015 年 5 月，国务院发布《中国制造 2025》，首次提出绿色制造体系，强调“发展绿色园区，推进工业园区产业耦合，实现近零排放”，到 2020 年，建成百家绿色示范园区。

2016 年 4 月，《国务院关于完善国家级经济技术开发区考核制度促进创新驱动发展的指导意见》发布，鼓励国家级经济技术开发区创建生态工业示范园区、循环化改造示范试点园区、国家低碳工业园区等绿色园区，通过双边机制开展国际合作生态（创新）园建设，引入国际先进节能环保技术和产品。

2016 年 7 月，工信部发布《工业绿色发展规划（2016—2020 年）》，提出以企业集聚化发展、产业生态链接、服务平台建设为重点，推进绿色工业园区建设。

2016 年 9 月，工信部、中国国家标准化管理委员会（以下简称国家标准委）发布《绿色制造标准体系建设指南》，指出加快绿色园区等重点领域标准制修订，促进园区转型升级。

2016 年 9 月，工信部发布《关于开展绿色制造体系建设的通知》，发挥标准体系在绿色制造体系建设中的引领作用，加快制定绿色工厂、绿色产品、绿色园区、绿色供应链、绿色企业以及绿色评价与服务等标准。

2016 年 9 月，工信部、国家发展改革委等联合发布《绿色制造工程实施指南（2016—2020 年）》，提出选择一批基础条件好、代表性强的工业园区，推进绿色工业园区创建示范。

2017 年 6 月，工信部、国家发展改革委等五部门联合发布《关于加强长江经济带工业绿色发展的指导意见》，到 2020 年，一批关键共性绿色制造技术实现产业化应用，打造和培育 500 家绿色示范工厂、50 家绿色示范园区，推广 5 000 种以上绿色产品，绿色制造产业产值达到 5 万亿元。

2019 年 2 月，国家发展改革委发布《绿色产业指导目录（2019 年版）》（以下简称《目录》），要求各地方、各部门要以《目录》为基础，根据各自领域、区域发展重点，出台投资、价格、金融、税收等方面政策措施，着力壮大节能环保、清洁生产、清洁能源等绿色产业。

2020年7月，国家发展改革委发布《关于组织开展绿色产业示范基地建设的通知》，到2025年，绿色产业示范基地建设取得阶段性进展，培育一批绿色产业龙头企业，基地绿色产业集聚度和综合竞争力明显提高，绿色产业链有效构建，绿色技术创新体系基本建立，基础设施和服务平台智能高效，绿色产业发展的体制机制更加健全，对全国绿色产业发展的引领作用初步显现。

2020年7月，国家发展改革委、科技部发布《关于构建市场导向的绿色技术创新体系的指导意见》，推进节能环保、清洁生产、清洁能源、生态环境、基础建设绿色升级等领域相关技术的应用。

2021年12月，《国务院关于印发“十四五”节能减排综合工作方案的通知》（国发〔2021〕33号），引导工业企业向园区集聚，推动工业园区能源系统整体优化和污染综合整治，鼓励工业企业、园区优先利用可再生能源。以省级以上工业园区为重点，推进供热、供电、污水处理、中水回用等公共基础设施共建、共享，对进水浓度异常的污水处理厂开展片区管网系统化整治，加强一般固体废物、危险废物集中贮存和处置，推动挥发性有机物、电镀废水及特征污染物集中治理等“绿岛”项目建设。到2025年，建成一批节能环保示范园区。

70. 绿色能源相关的政策法规有哪些？

《中华人民共和国可再生能源法》从2006年1月1日起开始实施，主要内容如下：

1）可再生能源总量目标。该法第七条规定：“国务院能源主管部门根据全国能源需求与可再生能源资源实际状况，制定全国可再生能源开发利用中长期总量目标，报国务院批准后执行，并予公布。国务院能源主管部门根据前款规定的总量目标和省、自治区、直辖市经济发展与可再生能源资源实际状况，会同省、自治区、直辖市人民政府确定各行政区域可再生能源开发利用中长期目标，并予公布。”

2）可再生能源并网发电审批和全额收购制度。该法第十三条规定：“国家鼓励和支持可再生能源并网发电。建设可再生能源并网发电项目，应该依照法律和国务院的规定取得行政许可或报送备案。”第十四条规定：“电网企业应当与按照可再生能源开发利用规划建设，依法取得行政许可或者报送备案的可再生能源发电企业签订并网协议，全额收购其电网覆盖范围内符合并网技术标准的可再生能源并网发电项目的上网电量。发电企业有义务配合电网企业保障电网安全。电网企业应当加强电网建设，扩大可再生能源电力配置范围，发展和应用智能电网、储能等技术，完善电网运行管理，提高吸纳可再生能源电力的能力，为可再生能源发电提供上网服务。”

3）可再生能源上网电价与费用分摊制度。该法第十九条规定：“可再生能源发电项目的上网电价，由国务院价格主管部门根据不同类型可再生能源发电的特点和不同地区的情况，按照有利于促进可再生能源开发利用和经济合理的原则确定，并根据可再生能源开发利用技术的发展适时调整。上网电价应当公布。”

4）可再生能源专项资金和税收、信贷鼓励措施。该法第二十四条至第二十六条分别就“国家财政设立可再生能源发展专项资金”“对列入国家可再生能源产业发展指导目录、符合信贷条件的可再生能源开发利用项目，金融机构可以提供有财政贴息的优惠贷款”“国家对列入可再生能源产业发展指导目录的项目给予税收优惠”作出规定。

我国《关于加快推进太阳能光电建筑应用的实施意见》和《太阳能光电建筑应用财政补助资金管理暂行办法》自2009年发布。

财政部、住建部于2009年3月23日联合发布《关于加快推进太阳能光电建筑应用的实施意见》，主要包括：①充分认识太阳能光电建筑应用的重要意义；②支持开展光电建筑应用示范，实施“太阳能屋顶计划”；③实施财政扶持政策；④加强建设领域政策扶持。同日，财政部发布《太阳能光电建筑应用财政补助资金管理暂行办法》，明确单项工程应用太阳能光电产品装机容量应不小于50 kWp和2009年补助标准原则上定为20元/Wp。

2009年7月21日，财政部联合科技部和国家能源局发布《关于实施金太阳示范工程的通知》，宣布金太阳示范工程正式启动。中央财政从可再生能源专项资金中安排一定资金，支持光伏发电技术在各类领域的示范应用及关键技术产业化，并制定了《金太阳示范工程财政补助资金管理暂行办法》，规定了支持范围、支持条件和补助标准等。

其他政策法规。

1）上网定价政策。上网电价水平根据各地区平均发电成本加上合理的利润来确定。

2）风电设备国产化率有关规定。国家经贸委于2000年2月12日发布《关于加快风力发电技术装备国产化的指导性意见》，规定了风力发电技术装备国产化核定方法，要求国产化率达70%。

3）CDM的减排核定及国际化标准。

4）能耗标准。新能源企业在生产过程中的能耗问题要符合“节能减排”政策。

5）核电行业税收政策。

2011年8月31日，国务院印发《“十二五”节能减排综合性工作方案》，其主要内容有节能减排总体要求和主要目标、强化节能减排目标责任、调整优化产业结构、实施节能减排重点工程、加强节能减排管理、大力发展循环经济、加快节能减排技术开发和推广应用、完善节能减排经济政策、强化节能减排监督检查、推广节能减排市场化机制、加强节能减排基础工作和能力建设、动员全社会参与节能减排。

2022年1月30日，国家发展改革委提出关于完善能源绿色低碳转型体制机制和政策措施的意见，大力推动太阳能、风能、水能、生物质能、地热能等清洁能源开发利用。

71. 绿色制造相关的政策法规有哪些？

2015年5月，国务院发布的《中国制造2025》，提出全面推行绿色制造，必须构建“4+2”绿色制造体系，即开发绿色产品、建设绿色工厂、发展绿色园区、打造绿色供应链，壮大绿色企业和强化绿色监管。2016年9月，工信部节能与综合利用司正式发布《绿色制造工程实施指南（2016—2020年）》，提出到2020年，绿色制造水平明显提升，绿色制造体系初步建立。企业和各级政府的绿色发展理念显著增强，与2015年相比，传统制造业物耗、能耗、水耗、污染物和碳排放强度显著下降，重点行业主要污染物排放强度下降20%，工业固体废物综合利用率达到73%，部分重化工业资源消耗和排放达到峰值。规模以上单位工业增加值能耗下降18%，吨钢综合能耗降到0.57 t标准煤，吨氧化铝综合能耗降到0.38 t标准煤，吨合成氨综合能耗降到1 300 kg标准煤，吨水泥综合能耗降到85 kg标准煤，电机、锅炉系统运行效率提高5%，高效配电变压器在网运行比例提高20%。单位工业增加值二氧化碳排放量、用水量分别下降22%、23%。节能环保产业大幅增长，初步形成经济增长新引擎和国民经济新支柱。此外，绿色制造能力稳步提高，一大批绿色制造关键共性技术实现产业化应用，形成一批具有核心竞争力的骨干企业，初步建成较为完善的绿色制造相关评价标准体系和认证机制，创建百家绿色工业园区、千家绿色示范工厂，推广万种绿色产品，绿色制造市场化推进机制基本形成。制造业发展对资源环境的影响初步缓解。

2019年12月，《工业和信息化部办公厅关于开展绿色制造体系建设的通知》（工信厅〔2016〕58号），提出全面统筹推进绿色制造体系建设，到2020年，绿色制造体系初步建立，绿色制造相关标准体系和评价体系基本建成，在重点行业出台100项绿色设计产品评价标准、10～20项绿色工厂标准，建立绿色园区、绿色供应链标准，发布绿色制造第三方评价实施规则、程序，制定第三方评价机构管理办法，遴选一批第三方评价机构，建设百家绿色园区和千家绿色工厂，开发万种绿色产品，创建绿色供应链，绿色制造市场化推进机制基本完成，逐步建立集信息交流传递、示范案例宣传等于一体的线上绿色制造公共服务平台，培育一批具有特色化的专业绿色制造服务机构。

2021年11月，工信部办公厅发布《“十四五”工业绿色发展规划》。明确工业降碳提升资源利用水平目标，工业绿色发展进程进一步加深。到2025年，工业产业结构、生产方式绿色低碳转型取得显著成效，绿色低碳技术装备广泛应用，能源资源利用效率大幅提高，绿色制造水平全面提升，规模以上工业单位增加值能耗降低 13.5%。资源利用水平明显提高，大宗工业固体废物综合利用率达到 57%，主要再生资源回收利用量达到 4.8 亿 t，单位工业增加值用水量降低 16%。污染物排放强度显著下降，重点行业主要污染物排放强度降低 10%。为 2030 年工业领域“碳达峰”奠定坚实基础。其中，碳排放强度持续下降，单位工业增加值二氧化碳排放降低 18%。

2022 年 8 月，工信部、国家发展改革委、生态环境部联合印发《工业领域碳达峰实施方案》。明确“十四五”期间，产业结构与用能结构优化取得积极进展，能源资源利用效率大幅提升，建成一批绿色工厂和绿色工业园区，研发、示范、推广一批减排效果显著的低碳、零碳、负碳技术工艺装备产品，筑牢工业领域碳达峰基础。到 2025 年，规模以上工业单位增加值能耗较 2020 年下降 13.5%，单位工业增加值二氧化碳排放下降幅度大于全社会下降幅度，重点行业二氧化碳排放强度明显下降。“十五五”期间，产业结构布局进一步优化，工业能耗强度、二氧化碳排放强度持续下降，努力达峰削峰，在实现工业领域碳达峰的基础上强化碳中和能力，基本建立以高效、绿色、循环、低碳为重要特征的现代工业体系。确保工业领域二氧化碳排放在 2030 年前达峰。

72. 绿色食品相关的政策法规有哪些?

2012 年 7 月，农业部发布《绿色食品标志管理办法》，并于 2022 年进行修订。明确指出要结合各项监管制度及工作措施的实施，做好整改落实工作，积极指导用标企业规范使用绿色食品标志，确保绿色食品标志使用管理工作制度落地生根；做好《中国绿色食品商标标志设计使用规范手册》（2021 版）面向用标企业的宣传推广和培训工作，指导用标企业主动用标、规范用标，切实提高绿色食品标志用标率。结合依法保护绿色食品标志专项课题研究成果应用，加强对用标企业实际用标过程中出现的问题进行梳理总结，进一步完善绿色食品标志依法用标制度，依规使用绿色食品标志。

2014 年 12 月，农业部依据《绿色食品标志管理办法》（农业部令 2012 年第 6 号）等法律法规，制定了《绿色食品标志许可审查工作规范》《绿色食品现场检查工作规范》和相关配套文件，为进一步规范绿色食品标志许可审查和现场检查工作，保证审查工作的科学性、公正性和有效性，提高现场检查工作质量和效率，规避标志许可审查风险。

2016 年 4 月，农业部印发《全国绿色食品产业发展规划纲要（2016—2020 年）》，旨在推动“十三五”时期我国绿色食品产业健康持续发展，全面提升绿色食品产业发展水平，包括扎实推进基地建设，不断提高发展质量；着力扶强生产主体，持续扩大总量规模；不断强化市场营销服务，完善市场流通体系；全面加强品牌保护，不断提升品牌的公信力等。同时，到 2020 年年底，不断提高绿色食品质量和品牌公信力、认知度明显提升，质量抽检合格率保持在 99%以上，国家级和省级农业产业化龙头企业、大型食品加工企业、出口企业比例明显上升，达到 60%及以上。

2020 年 9 月，中国绿色食品发展中心印发《关于做好 2020 年下半年绿色食品审查和证后监管工作的通知》。该通知强调了坚持六大原则，从严把关，全面落实审查责任；强化责任意识，严格落实现场检查工作规范；防范风险，着力抓好质量监管；采取有效措施，持续稳定提升续展率；对标对表目标任务，全力落实扶贫措施；创新工作方式，切实提升服务质量。

73. 绿色包装相关的政策法规有哪些？

（1）国外绿色包装相关的政策法规

德国：立法立标强制回收。20 世纪 90 年代，德国出台《包装废弃物管理办法》，提出包装废弃物管理应按照“减量化、再利用、再循环、最终处置”的顺序进行，并设定了不同包装废弃物的回收目标和时限，强制性要求包装生产商、销售商对包装回收共同负责。该办法还制定了包装废弃物从收集到最终处置的量化标准，使包装处理的每个环节都有具体标准可依。德国设立了双轨制系统股份公司（DSD），主要是由来自包装工业、消费品工业和商业的大约 95 家工商企业在德国工业联邦联合会和德国工商会的倡导下成立的私营经济机构。DSD 公司闻名于世的便是其开发的包装废弃物回收利用系统与对应的绿点标志。

日本：鼓励包装再利用。日本不仅制定并实施《包装再生利用法》，还致力于回收体系的建设，鼓励在境内建立大量的回收站，消费者将包装废弃物进行分类后，日本的收运系统将分类完的包装废弃物通过定时回收、集合中转等方式，运输至专门的处理中心进行再循环、再制造处理。日本在包装设计创意方面可谓煞费苦心。结合自身文化特征与科学发展，日本科学家研发了各类特点的包装，集防腐、防水、防伪、防虫、防震、防锈等优点于一身。如设计师研发的包装通过外部加层纸盒来保持食品新鲜，盒内不必再使用塑料包装，因此，重量更轻、回收更有效。除了在新材料研发上下功夫外，日本的研究人员还将本土的文化风格与环境意识融合，一并体现在包装的设计上。

美国：美国是世界上第一个出台并推动相关法律法规的国家。早在 1965 年，美国政府就出台了《固体废物处置法》，旨在控制固体废物对美国土地的污染，保护公众健康及环境，并合理地回收和利用废弃物。至 20 世纪 80 年代末，美国各州相继颁布各自的包装限制法规，规定影响包装生产、使用和处理的法律法规。回收包装企业可减税。美国从 20 世纪 90 年代便开始关注绿色包装。为了提高企业回收包装的积极性，美国各州政府根据企业包装回收利用率的高低，适当免除企业相关的税收。同时，美国还在《资源保护与回收利用法》中规定，“减少包装材料的消耗量，并对包装废弃物进行回收再利用”。目前，美国已在包装废弃物回收利用方面形成产业化运作，不仅改善了环境、提高了资源利用率，而且还提供了大量的就业机会。

（2）国内绿色包装相关的政策法规

2015 年 5 月 21 日，农业部发布《绿色食品包装通用规则》，规定了绿色食品的包装必须遵循的原则，包括绿色食品包装的要求、包装材料的选择、包装尺寸、包装检验、抽样、标志与标签、贮存与运输等内容。该规则要求根据不同的绿色食品选择适当的包装材料、容器、形式和方法，以满足食品包装的基本要求。包装的体积和质量应限制在最低水平，包装实行减量化。在技术条件许可与商品有关规定一致的情况下，应选择可重复使用的包装；若不能重复使用，包装材料应可回收利用；若不能回收利用，则包装废弃物应可降解。

2019 年 5 月，国家市场监督管理总局发布了推荐性国家标准《绿色包装评价方法与准则》，针对绿色包装产品低碳、节能、环保、安全的要求，规定了绿色包装的评价准则、评价方法、评价报告内容和格式。通过优化产品设计，实现减量化，重复使用，可循环，可降解，这些只是绿色包装要遵循的基本原则。在《绿色包装评价方法与准则》中，分一级指标和二级指标。在一级指标中分别有资源属性、能源属性、环境属性和产品属性。在资源属性中关于包装材质种类，主要强调了在包装设计和生产过程中，都要优先选用无毒无害环保型和单一材质的包装材料；复合包装材料生产要采用易于拆解或分离的加工技术。

2020 年 7 月，财政部办公厅、生态环境部办公厅、国家邮政局办公室联合印发《商品包装政府采购需求标准（试行）》以及《快递包装政府采购需求标准（试行）》（以下统称需求标准），以助力打好污染防治攻坚战，推广使用绿色包装。多部门联合发布两项标准，细致明确了标准的适用范围、包装环保要求以及检测方法，便于实践操作。同时，明确政府采购协议供货、定点采购项目和电子卖场也要积极推广应用包装需求标准，对商品包装和快递包装符合包装需求标准的产品加挂标识，从而引导采购人优先选择，这些措施将有利于政府采购领域绿色包装的加速推广。两大标准的实施将有助于降低企业经营成本，同时为规范包装业的高质量发展注入动力。此外，通过明确标准，有利于企业推行全面预算绩效管理，提高市场主体要素产出效率。

74. 绿色采购相关的政策法规有哪些？

绿色采购是绿色供应链管理中最为关键的一环，采购产品的环保与否在很大程度上决定着供应链的绿化程度。目前，《中华人民共和国环境保护法》第二十二条、第三十六条，《中华人民共和国清洁生产促进法》第十六条，《中华人民共和国循环经济促进法》第八条、第四十一条，《中华人民共和国固体废物污染环境防治法》第七条，《中华人民共和国大气污染防治法》第五十条，《中华人民共和国节约能源法》第五十一条、第六十四条、第八十一条，《中华人民共和国政府采购法实施条例》第六条，以及《节能产品政府采购实施意见》《企业绿色采购指南（试行）》和《政府机关及公共机构购买新能源汽车实施方案》等都对此作出了规定，主要调控两类主体的采购行为，一是对于政府及国有企事业单位，主要要求其优先采购具有节能、节水、节材、废物再生利用等特性的绿色产品；二是对于其他市场主体，主要通过相应财税金融手段引导，鼓励其进行绿色采购。

75. 绿色物流相关的政策法规有哪些？

在供应链上，物流环节起着不可或缺的作用，但也带来了大量的能源消耗和污染物排放。一些发达国家的政府在绿色物流的政策性引导上，制定了诸如控制污染发生源，限制交通量和控制交通流的相关政策和法规，而且从物流业发展的合理布局上为物流的绿色化铺平道路。如日本在 1966 年就制定了《流通业务城市街道整备法》，以提高大城市的流通机能，增强城市物流的绿色化功能。

自 20 世纪 90 年代以来，我国一直致力于环境污染方面的政策和法规的制定和颁布，但针对物流行业的并不是很多。《中华人民共和国节约能源法》第四十二条、第四十四条，《物流业发展中长期规划（2014—2020 年）》《交通运输节能环保“十三五”发展规划》《加快推进绿色循环低碳交通运输发展指导意见》《包装行业高新技术研发资金管理办法》等都对绿色物流提出了要求，如强调各种交通运输工具的直接协调和衔接、主张建设智能交通、推荐使用节能减排型运输工具和仓储设施；加快建立绿色物流评估标准和认证体系；加强危险品水运管理，最大限度减少环境事故；鼓励包装重复使用和回收再利用，提高托盘等标准化器具和包装物的循环利用水平，构建低环境负荷的循环物流系统；大力发展回收物流，鼓励生产者、再生资源回收利用企业联合开展废旧产品回收；推广应用铁路零散堆装货物运输抑尘技术[25]。

为此，物流企业可以通过推进智能分拣系统、智能机器人、自动化仓储和包装设备等先进智能技术的应用，推动物流企业生产设备、运营设备创新升级，提升物流工作效率；提升物流信息技术应用水平，推动物流跨区域资源流动和联动发展，构建跨区域合作网络，支持第三方物流信息共享平台发展，通过移动互联网平台整合运力和货源；提高物流资源配置管理水平等，满足绿色物流的要求[25]。

76. 绿色金融相关的国家层面政策法规有哪些?

2019 年 1 月，《中共中央　国务院支持河北雄安新区全面深化改革和扩大开放的指导意见》发布，积极创新绿色金融产品和服务，支持设立雄安绿色金融产品交易中心，研究推行环境污染责任保险等绿色金融制度，发展生态环境类金融衍生品。

2019 年 2 月，国务院发布《全面推进北京市服务业扩大开放综合试点工作方案》，积极开展绿色金融改革创新，探索发展绿色金融工具，开展排污权、水权、用能权等交易，支持境外投资者依法合规参与绿色金融活动，支持北京建设全球绿色金融和可持续金融中心。

中共中央、国务院发布《粤港澳大湾区发展规划纲要》，支持香港打造大湾区绿色金融中心，建设国际认可的绿色债券认证机构。

2019 年 3 月，国家发展改革委等七部门联合印发《绿色产业指导目录（2019

年版）》，明确了绿色产业的定义和分类。

2019 年 11 月，中共中央发布《坚持和完善中国特色社会主义制度　推进国家治理体系和治理能力现代化若干重大问题的决定》，完善绿色生产和消费的法律制度和政策导向，发展绿色金融，推进市场导向的绿色技术创新，更加自觉地推动绿色循环低碳发展。

2020 年 1 月，国家金融监督管理总局发布《中国中国银监会关于推动银行业和保险业高质量发展的指导意见》，鼓励银行业金融机构通过设立绿色金融事业部、绿色分（支）行等方式，提升绿色金融专业服务能力和风险防控能力。

2020 年 5 月，国家发展改革委、工信部发布《关于营造更好发展环境支持民营节能环保企业健康发展的实施意见》，鼓励金融机构将环境、社会、治理要求纳入业务流程，提升对民营节能环保企业的绿色金融专业服务水平，大力发展绿色融资。

2020 年 7 月，国家发展改革委发布《关于组织开展绿色产业示范基地建设的通知》（发改办环资〔2020〕519 号），加大绿色信贷、绿色债券的支持力度，支持绿色产业示范基地开展绿色金融创新。

2020 年 11 月，中共中央发布《国民经济和社会发展第十四个五年规划和二〇三五年远景目标的建议》，强化绿色发展的法律和政策保障，发展绿色金融，支持绿色技术创新，推进清洁生产，发展环保产业，推进重点行业和重要领域绿色化改造。

2021 年 2 月，《国务院关于加快建立健全绿色低碳循环发展经济体系的指导意见》发布，强化法律法规支撑，健全绿色收费价格机制，加大财税扶持力度，大力发展绿色金融，完善绿色标准、绿色认证体系和统计监测制度，培育绿色交易市场机制。

2021 年 4 月，中国银监会发布《关于金融支持海南全面深化改革开放的意见》，发展绿色金融。鼓励绿色金融创新业务在海南先行先试，支持国家生态文明试验区建设。加大对生态环境保护，特别是应对气候变化的投融资支持力度。

2021 年 6 月，中国人民银行发布《银行业金融机构绿色金融评价方案》，绿色金融评价定量指标包括绿色金融业务总额占比、绿色金融业务总额份额占比、绿色金融业务总额同比增速、绿色金融业务风险总额占比 4 项。

2021 年 11 月，中国人民银行推出碳减排支持工具和 2 000 亿元煤炭清洁高效利用专项再贷款，重点支持清洁能源、节能环保和碳减排技术 3 个碳减排领域。

2021 年 12 月，生态环境部、国家发展改革委、中国人民银行等九部委联合印发《关于开展气候投融资试点工作的通知》，配套发布《气候投融资试点工作方案》，正式启动了我国气候投融资地方试点的申报工作，引导市场资金投向气候领域，实现“双碳”目标。

77. 绿色金融相关的地方层面政策法规有哪些?

北京市发布《关于构建首都绿色金融体系的实施办法》。文件指出，加强银行业绿色金融创新发展。支持在京银行业金融机构成立绿色金融事业部或绿色分支行等绿色金融专营机构，鼓励银行在信贷规模、财务、人力、风险容忍度等方面对绿色金融给予大力支持，加快建立绿色信贷授信制度、尽职免责制度和环境保护责任制度，开辟绿色信贷审批专项通道。

北京市发布《北京市关于构建现代环境治理体系的实施方案》。文件指出，建设绿色金融改革创新试验区，发展绿色金融。

上海市发布《上海市国民经济和社会发展第十四个五年规划和二〇三五年远景目标纲要》。文件指出，积极发展绿色金融，充分发挥国家绿色发展基金示范作用，促进长江经济带沿线绿色发展。

天津市发布《2020 年天津市政府工作报告》。文件指出，大力发展科技金融、物流金融、租赁金融和绿色金融，创新推广更多管用、好用的金融产品。

重庆市发布《2021 年市政府工作报告目标任务分解方案》。文件指出，推进绿色金融改革创新试验区建设，支持国家金融科技认证中心运营。

河北省发布《关于建立健全绿色低碳循环发展经济体系的实施意见》。文件指出，大力发展绿色金融。开展省内法人金融机构绿色信贷业绩评价，完善绿色金融激励约束机制。该省还发布《中国（河北）自由贸易试验区管理办法》，推进绿色金融第三方认证计划，探索开展环境信息强制披露试点，建立绿色金融国际标准。

山西省发布《制定国民经济和社会发展第十四个五年规划和二〇三五年远景目标的建议》。文件指出，大力倡导绿色消费，完善绿色能源、绿色建筑、绿色交通、绿色数据、绿色家电发展政策，发展绿色金融。

辽宁省葫芦岛市发布《葫芦岛市土壤污染治理与修复规划（2017—2020年）》。文件指出，积极发展绿色金融，发挥政策性和开发性金融机构引导作用，为重大土壤污染防治项目提供支持。

黑龙江省发布《黑龙江省国民经济和社会发展第十四个五年规划和二〇三五年远景目标纲要》。文件指出，加强普惠金融和绿色金融体系建设，发展政府性融资担保机构，加大对实体经济、中小微企业支持力度，缓解融资难、融资贵问题，推动企业融资成本保持合理水平。

内蒙古自治区发布《制定国民经济和社会发展第十四个五年规划和二〇三五年远景目标的建议》。文件指出，推动绿色技术创新，加大绿色技术攻关力度，建立绿色技术转移、交易和产业化服务平台，加快发展绿色金融。

江苏省常州市发布《2021年常州市深入打好污染防治攻坚战工作方案》。文件指出，健全气候投融资机制，积极探索绿色金融和碳金融服务创新。

浙江省湖州市发布《印发湖州市政府采购支持绿色建材促进建筑品质》。文件指出，探索建立绿色金融支持绿色建筑和绿色建材应用机制，对支持推广应用绿色建筑、绿色建材和支持试点项目落地成效明显的金融机构，在绿色金融考核评价中给予倾斜。

安徽省芜湖市发布《芜湖市生态环境局关于优化生态环境服务助力高质量发展的若干意见》。文件指出，联合金融机构推行“环保贷”等绿色金融产品，完善绿色金融服务政策，提升企业绿色发展能力。

江西省发布《关于构建更加完善的要素市场化配置体制机制的实施意见》。文件指出，要积极推进绿色金融改革创新，推广绿色金融创新产品。

山东省青岛市发布《青岛市国民经济和社会发展第十四个五年规划和二〇三五年远景目标纲要》。文件指出，发展绿色金融，设立绿色发展基金，构建绿色技术创新体系。

河南省驻马店市发布《驻马店市国民经济和社会发展第十四个五年规划和二〇三五年远景目标纲要》。文件指出，完善绿色标准和市场导向的绿色技术创新体系，积极发展基于各类环境权益的绿色金融产品，逐步推行绿色产品第三方认证。

湖北省发布《湖北省国民经济和社会发展第十四个五年规划和二〇三五年远景目标纲要》。文件指出，加快发展绿色金融，支持绿色技术创新，着力打造中部绿色技术创新引领区。

广东省发布《国家城乡融合发展试验区广东广清接合片区实施方案》。文件指出，依托广州市绿色金融改革创新试验区完善绿色金融体系，创新推广绿色金融产品。

海南省三亚市发布《三亚市土壤污染防治行动计划实施方案》。文件指出，积极发展绿色金融，发挥政策性金融机构引导作用，为重大土壤污染防治项目提供支持。

湖南省发布《湖南省人民政府办公厅关于全面推动矿业绿色发展的若干意见》。文件指出，探索绿色金融支持。鼓励银行业金融机构研发支持矿业绿色发展的特色信贷产品，在环境恢复治理、重金属污染防治、资源循环利用、深精加工和高新产品研发等领域加大资金支持。

广西壮族自治区发布《加快建设面向东盟的金融开放门户若干措施》。文件指出，支持绿色金融改革创新试点。支持南宁、柳州、桂林、贺州等创建绿色金融改革创新示范区，对年度考核评为第一名的示范区，次年给予财政奖补资金800万元。

四川省发布《关于构建现代环境治理体系的指导意见》。文件指出，落实绿色金融政策，将环境信用作为企业信贷、发行绿色债券的重要参考。

云南省发布《关于构建更加完善的要素市场化配置体制机制的实施意见》。文件指出，支持银行保险机构创新绿色金融产品，提升绿色金融专业服务能力。

陕西省发布《陕西省构建更加完善的要素市场化配置体制机制的实施方案》。文件指出，支持西安创建国家科创金融、绿色金融改革创新试验区，支持铜川创建国家普惠金融改革试验区。

甘肃省发布《甘肃省绿色制造体系建设评价管理实施细则》。文件指出，将省级绿色制造体系单位优先推荐给相关金融机构，争取绿色金融产品支持。

贵州省发布《2020 年贵州省政府工作报告》。文件指出，推进“引金入黔”，进一步完善地方金融服务体系，大力发展绿色金融、科技金融，增强金融服务实体经济能力。

青海省发布《关于开展县城城镇化补短板强弱项工作的实施方案（征求意见稿）》。文件指出，推进绿色金融创新，增加服务小微企业和民营企业的金融服务供给，建立县域银行业金融机构服务“三农”的激励约束机制。

78. 绿色工程相关的节能降碳政策法规有哪些?

绿色工程涉及电力、化工、交通、建筑、制造等领域，这些与能源生产及消费活动密不可分，而能源生产和消费相关活动是最主要的二氧化碳排放源。节能降碳是进行绿色工程的基本要求。

（1）我国绿色工程相关的节能降碳政策法规

自 2020 年我国正式提出“双碳”目标以来，各地区、各有关部门制定了一系列相关政策措施，为绿色工程的实施提供参考。此处汇编了 2020 年之后我国相关节能降碳政策法规。

2020 年 9 月 29 日，国家市场监督管理总局和国家标准化管理委员会颁布了

《综合能耗计算通则》（GB/T 2589—2020），于2021年4月1日正式实施。《综合能耗计算通则》作为一项最为基础的节能国家标准，在国家、地区、行业、企业等不同层面的能源核算、能源统计、能源管理、能耗限额制定、能源模型应用等领域得到广泛应用。《综合能耗计算通则》（GB/T 2589—2020）是在《综合能耗计算通则》（GB/T 2589—2008）版本上进行的修订，后者将在新版正式实施后失效。用能单位综合能耗计算是开展节能工作的基础。

2021年1月，生态环境部印发《关于统筹和加强应对气候变化与生态环境保护相关工作的指导意见》（环综合〔2021〕4号），提出推动实现减污降碳协同效应。优先选择化石能源替代、原料工艺优化、产业结构升级等源头治理措施，严格控制高耗能、高排放项目建设。加大交通运输结构优化调整力度，推动“公转铁”“公转水”和多式联运，推广节能和新能源车辆。

2021年5月，生态环境部印发《关于加强高耗能、高排放建设项目生态环境源头防控的指导意见》（环环评〔2021〕45号，以下简称《指导意见》），明确提出将碳排放影响评价纳入环境影响评价体系。要求各级生态环境部门和行政审批部门应积极推进“两高”项目环评开展试点工作，衔接落实有关区域和行业碳达峰行动方案、清洁能源替代、清洁运输、煤炭消费总量控制等政策要求。鼓励有条件的地区、企业探索实施减污降碳协同治理和碳捕集、封存、综合利用工程试点示范。

2021年7月，生态环境部印发《关于开展重点行业建设项目碳排放环境影响评价试点的通知》（环办环评函〔2021〕346号），组织部分省份开展重点行业建设项目碳排放环境影响评价试点。提出到2021年12月底前，试点地区发布建设项目碳排放环境影响评价相关文件，研究制定建设项目碳排放量核算方法和环境影响报告书编制规范，基本建立重点行业建设项目碳排放环境影响评价的工作机制。2022年6月底前，基本摸清重点行业碳排放水平和减排潜力，形成建设项目污染物和碳排放协同管控评价技术方法，打通污染源与碳排放管理统筹融合路径，从源头实现减污降碳协同作用。试点地区包括河北、吉林、浙江、山东、广东、重庆、陕西等地，鼓励其他有条件的省（区、市）根据实际需求划定试点范围，并向生态环境部申请开展试点。试点行业为电力、钢铁、建材、石化和化工等重点行业，试点地区根据各地实际选取试点行业和建设项目。除上述重点行业外，试点地区还可根据本地碳排放源构成特点，结合地区碳达峰行动方案和路径安排，同步开展其他碳排放强度高的行业试点。本次试点主要开展建设项目二氧化碳排放环境影响评价，有条件的地区还可开展以甲烷、氧化亚氮、氢氟碳化物、全氟碳化物、六氟化硫、三氟化氮等其他温室气体排放为主的建设项目环境影响评价试点。

2021 年 12 月，《国务院关于印发"十四五"节能减排综合工作方案的通知》（国发〔2021〕33 号）提出了系列工作任务。如重点行业绿色升级工程：以钢铁、有色金属、建材、石化、化工等行业为重点，推进节能改造和污染物深度治理；园区节能环保提升工程以省级以上工业园区为重点，推进供热、供电、污水处理、中水回用等公共基础设施共建、共享；城镇绿色节能改造工程以全面提高建筑节能标准，加快发展超低能耗建筑，积极推进既有建筑节能改造、建筑光伏一体化建设；交通物流节能减排工程以推动绿色铁路、绿色公路、绿色港口、绿色航道、绿色机场建设，有序推进充换电、加注（气）、加氢、港口机场岸电等基础设施建设；公共机构能效提升工程：加快公共机构既有建筑围护结构、供热、制冷、照明等设施设备节能改造，鼓励采用能源费用托管等合同能源管理模式。

2022 年 4 月，国务院关于印发《"十四五"环境影响评价与排污许可工作实施方案》的通知明确提出推动重点工业行业绿色转型升级。新、改、扩建钢铁、煤电项目应达到超低排放要求，推进建材、焦化、有色金属冶炼等行业污染深度治理改造，强化对燃煤电厂掺烧废弃物项目的环境管理。推动有色金属、化工、建材、铸造、机械加工制造、制革、印染、电镀、农副食品加工、家具等产业集群提升改造；在重点区域钢铁、焦化、水泥熟料、平板玻璃、电解铝、电解锰、氧化铝、煤化工、炼油、炼化等行业项目环评审批中严格落实产能替代、压减等措施；严控建材、铸造、冶炼等行业无组织排放，推进石化、化工、涂装、医药、包装印刷、油品储运销等行业项目挥发性有机物防治。严格有色金属冶炼、石油加工、化工、焦化等行业项目的土壤、地下水污染防治措施要求。支持有关“绿岛”项目建设，做好相关环保公共基础设施或集中工艺设施环评服务。

2022 年 12 月，生态环境部印发《关于印发钢铁/焦化、现代煤化工、石化、火电四个行业建设项目环境影响评价文件审批原则的通知》（环办环评〔2022〕31 号）（以下简称《审批原则》）。值得注意的是，四个行业新版《审批原则》均在第六条对环评审批增加了温室气体排放的要求：需要对建设项目开展碳排放评价工作，核算碳排放量，并鼓励应用先进技术，通过环评制度从源头限制碳排放增加，实现减污降碳协同增效。

（2）常用的碳核算指南及标准

根据核算范围和用途，可分为区域层面、组织层面、交易层面、产品层面、项目层面五大层面。各类碳核算指标及标准众多，此处汇编了应用较为广泛的一些碳核算指南及标准。

区域层面：《IPCC 国家温室气体清单指南》《省级温室气体清单编制指南》。这两个标准分别针对国际和国内温室气体核算的权威标准，也是对其他方面碳核算的基石。其中，碳核算具体细化到能源、工业生产过程、农业、林业与土地利用变化五大领域，需要说明的是这里的碳排放全部是直接排放，不含任何的间接排放。

组织层面：《ISO 14064-1：2018 组织层面上对温室气体排放和清除的量化和报告的规范及指南》《GHG Protocol 温室气体议定书》、24 个行业温室气体排放核算方法与报告指南（国家发展改革委）、10 个行业工业企业温室气体排放核算和报告通则（国家质检总局、国家标准委）等。其中，前两个标准为通过的国际标准，后两个为国内的指南。组织层面的温室气体核算有准确性原则，但并没有保守性原则，这和交易层面、项目层面的核算有所不同。

交易层面：《企业温室气体排放核算方法与报告指南发电设施》、2020 年度温室气体排放报告补充数据表以及各碳交易试点省市的核算指南等。交易层面的核算标准具有国家特色，主要为碳交易所服务。其中，各碳交易试点省（市）（如上海、重庆等）的核算指南均与24个行业温室气体排放核算方法和报告指南大同小异，严格意义上来说，也是企业层面温室气体核算方法，只是在一些排放核算的细节处理上和参数选取上有着地方特色。交易层面的碳核算在数据不确定时，采用保守性原则，即选取不利于交易参与方的数据选择，一般而言，都是取偏大的排放数据。

产品层面：核算标准包括《基于生命周期评价方法的温室气体产品碳足迹量化及报告指南》（ISO 14067）《商品和服务在生命周期内的温室气体排放评价规范》（PAS 2050）等。产品层面的温室气体核算几乎都是应用了产品生命周期（LCA）的分析方法，计算产品从摇篮到大门或摇篮到坟墓的温室气体排放，即产品碳足迹。

项目层面：目前，主要为各类减排方法学，例如CCER方法学、VCS方法学、CDM方法学等，具体分为能源利用、能源效率、工业、交通、建筑、农业、林业等十多个类别。经过核证过的项目减排量就是减排碳资产，可以用于交易及抵消机制。项目层面的减排量核算数据采用严格的保守性原则，即数据有不确定性时，一律采取相对保守，也就是较小的减排量数据。

第5章

国内外绿色工程相关的评估认定标准体系

绿色工程的评估和认定标准体系建设在引导行业发展、推动企业绿色化转型方面具有重要意义。本章介绍国内外绿色评估体系，涉及交通、建筑、化工、农业、工厂等领域，并对绿色工程评估认定中的指标、方法、依据等进行了详述。

79. 绿色交通设施评估技术包括哪些内容?

我国交通运输部组织编制了绿色交通设施的评估技术要求，分为绿色公路、绿色服务区、绿色港口、绿色航道、绿色客货运场站、绿色交通运输枢纽 6 个部分，评估技术要求中规定了绿色交通设施每个部分的基本要求、评估指标体系和评估方法。

80. 绿色公路的评估指标体系有哪些?

绿色公路是指在公路的全寿命周期内，以创新、协调、绿色、开放、共享为发展理念，最大限度地控制资源占用、降低能源消耗、减少污染排放、保护生态环境，注重建设品质的提升与运行效率的提高，为人们提供安全、舒适、便捷、美观的行车环境，建设与自然和谐共生的公路。绿色公路评估指标体系由 7 类一级指标构成，分别包括绿色理念、生态环保、资源节约、节能低碳、安全智慧、品质建设和服务提升。各一级指标下设若干二级指标和三级指标，见表 5-1。

表 5-1 绿色公路评估指标体系

一级指标	二级指标	三级指标
绿色理念	战略	战略计划
		专项资金
	文化	培训教育
		宣传活动
生态保护	生态恢复	生物及其栖环境保护
		生态修复
		绿化效果

一级指标	二级指标	三级指标
生态保护	景观融合	美学设计
		路域景观
		景观维护
	水土环境保护	水体保护
		土体保护
	空气环境保护	污染气体排放控制
		扬尘控制
		场站布置
	声光环境保护	声污染防治
		光污染防治
资源节约	土地资源节约、集约利用	土地占用
		土石方填挖
		临时用地控制
	水资源节约、集约利用	排蓄水工程
		透水路面
		污水处理与利用
		节水措施
	节材与材料循环利用	可循环材料利用
		旧路面材料再生
		隧道弃渣
		材料运距
		材料存储
		新型环保材料
节能低碳	能源解决利用	能耗下降率
		混合料节能技术
		施工节能措施
		节能系统
	清洁能源利用	可再生能源
		天然气拌和站
	碳排放控制	二氧化碳排放下降率

一级指标	二级指标	三级指标
安全智慧	智能交通系统	多元化系统
		系统维护
	安全设施	安全设施布设
		安全设施维护
	交通组织	施工交通组织
		日常通行管理
		交通应急管理
品质建设	品质提升	长寿命路面
		功能型路面
		精品桥、隧
	施工标准化	工艺标准化
		工地标准化
	管理信息化	施工管理信息化
		养护管理信息化
	预防性养护	预防性养护规划
		预防性养护技术
	建设管理新技术	建筑信息模型技术
		HSE 管理体系
服务提升	人性化服务	信息服务
		旅游服务功能
		ETC 技术应用拓展
		公众满意度
	绿色公路设施	绿色服务区
		加气站和充电桩
		慢行交通
		路侧综合型停车区

81. 绿色公路的评估方法是什么?

依据《绿色交通设施评估技术要求 第 1 部分：绿色公路》（JT/T 1199.1—2018），绿色公路评估满分为 100 分，一级指标按权重分别占不同分值，权重分布见表 5-2。

表 5-2 节绿色公路评估指标体系

评估指标	绿色理念	生态环保	资源节约	节能低碳	品质建设	安全智慧	服务提升
权重	0.08	0.15	0.20	0.20	0.16	0.07	0.14

82. 绿色公路的评估指标中的节能低碳计分方法有哪些?

绿色公路的评估指标中的一级指标节能低碳占权重 0.2，其中，包括能源节约利用和清洁能源利用两个二级指标，计分方法合适，提倡使用沥青温拌施工、变频的节能施工设备和节能供配电系统等，鼓励使用可再生能源和天然气代替燃煤、燃油拌和，见表 5-3。

表 5-3 节能低碳指标计分

一级指标	满分	二级指标	满分	三级指标	满分	计分方法
节能低碳	20 分	能源节约利用	11 分	混合料节能技术	4 分	a）温拌沥青路面面积占项目沥青路面总面积面积的 10%以上，得 3 分 b）路面修补作业采用冷拌冷铺沥青混合料、自粘式沥青路面贴缝带等节能型材料或工艺，得 1 分

<table>
<tr><th>一级指标</th><th>满分</th><th>二级指标</th><th>满分</th><th>三级指标</th><th>满分</th><th>计分方法</th></tr>
<tr><td rowspan="4">节能低碳</td><td rowspan="4">20分</td><td rowspan="2">能源节约利用</td><td rowspan="2">11分</td><td>施工节能措施</td><td>2.5分</td><td>a）采用节能施工设备，如采用变频技术的设备等，得1分
b）施工区采用集中供电措施，建设变电设施代替施工区柴油发电，得1分
c）合理安排工序，提高机械的使用率和满载率，降低施工设备的单位耗能，得0.5分</td></tr>
<tr><td>节能系统</td><td>4.5分</td><td>a）采用供配电系统节能技术，得1分
b）公路照明采用光控、时控及遥感技术相结合的智能控制系统，得1分
c）采用LED等新型节能灯，得1分
d）采用节能型情报板，得0.5分
e）按照规范要求采用隧道通风智能控制系统，对隧道内废气浓度、气流风速等环境数据和交通量变化情况进行实时监控，得1分</td></tr>
<tr><td rowspan="2">清洁能源利用</td><td rowspan="2">9分</td><td>可再生能源</td><td>4分</td><td>a）采用太阳能、风能、地热能等可再生绿色能源，得2分
b）采用可再生绿色能源供电的公路照明设备（公路沿线照明、隧道照明、桥梁照明、服务区照明）比例不小于15%，得2分</td></tr>
<tr><td>天然气拌和站</td><td>5分</td><td>a）拌和站采用清洁能源代替燃煤，燃油，总分2分，计分规则如下：
采用天然气，得2分；
采用煤转气，得1分
b）天然气拌和站的数量占比。总分3分，计分规则如下：
1）在80%（含）以上，得3分；
2）在50%（含）～80%，得2分；
3）在20%（含）～50%，得1分；
4）在20%以下，不得分</td></tr>
</table>

83. 绿色航道的评估指标体系有哪些？

在《绿色交通设施评估技术要求　第3部分：绿色航道》（JT/T 1199.3—2018）中对绿色交通设施中的绿色航道评估指标体系进行了具体说明，根据内河航道工程规划设计、建设和养护管理所拥有的特点对绿色航道评估的技术要求及方法进行了规范，力求引导研究人员采用生态环保、节能减排的新技术、新产品、新材料及新装备，以期利于推动绿色航道的建设，提升航道设施的绿色水平和服务水平。

绿色航道和绿色船闸是指在航道全生命周期内，以可持续发展为理念，开展技术经济论证及环境影响分析，通过合理的规划设计、施工建设和养护管理，在满足功能需求的基础上，最大限度控制资源占用、降低能源消耗，减少污染排放、保护生态环境，注重品质建设与运行效率的提高，建设起与资源，环境、生态、社会和谐发展的航道。

绿色航道、绿色船闸评估指标体系由6类一级指标构成，分别包括绿色理念及保障机制、节能低碳、资源节约、生态环保、品质建设和服务提升。

84. 绿色建筑评价体系建立的基本依据是什么？

我国绿色建筑的评价依据主要参照《绿色建筑评价标准》（GB/T 50378—2019），其于2006年首次发布，已先后经过2014年和2019年两次修订，目前，执行的是2019版评价标准[26]，该标准重新构建了绿色建筑评价标准体系，绿色建筑的要求已经从“数量”的增加走向“质量”的提升，强调实际建筑建成和运行效果，强化绿色建筑技术指标的落地。

《绿色建筑评价标准》以“四节一环保”为基本约束，遵循以人民为中心的发展理念，构建了新的绿色建筑评价指标体系，将绿色建筑的评价指标体系调整为安全耐久、健康舒适、生活便利、资源节约、环境宜居 5 类指标，根据得分情况将绿色建筑划分为基本级、一星级、二星级、三星级 4 个等级。修正后的标准符合目前国家新时代鼓励创新的发展方向，且指标体系名称易理解并易接受，指标名称体现了新时代所关心的问题，能够提高人们对绿色建筑的可感知性。

85. 绿色施工评价体系建立的基本依据是什么？

由于我国尚处于经济快速发展阶段，作为大量消耗资源、影响环境的建筑业，应全面实施绿色施工，承担起可持续发展的社会责任。因此，建设部于 2007 年发布了《绿色施工导则》[27]，指导建筑工程的绿色施工，并可供其他建设工程类型的绿色施工参考。

绿色施工总体框架包括施工管理、环境保护、节材与材料资源利用、节水与水资源利用、节能与能源利用、节地与施工用地保护 6 个方面。这 6 个方面涵盖了绿色施工的基本指标，同时包含了施工策划、材料采购、现场施工、工程验收等各阶段的指标的集结。因此，依据《绿色施工导则》开展建筑施工工程，能够最大限度地节约资源与减少对环境产生的负面影响的施工活动，实现“四节一环保”。

86. 绿色建筑评价标准的特点是什么？

创新构建绿色建筑指标体系，其内在意义与新时代人民美好生活需要相统一。新版标准在原标准“四节一环保”的基础上，拓展了绿色建筑以人为本的内涵，紧密联系生活，凸显安全耐久、生活便利等可感知内容，并将其作为衡量绿色建筑的标准，突出绿色建筑能够为人民带来获得感和幸福感，使以人为本的理念贯穿绿色建筑评价的整个过程[28]。

重新定位评价阶段，确保绿色技术措施落地。新标准中取消了设计评价和运营评价，将绿色建筑评价节点设置在竣工后，并增加设计阶段的预评价。这是新时代绿色建筑从高速度发展转向高质量发展的关键，有利于提前掌握拟建项目所能达到的绿色性能，以及时作出方案调整为项目建成后的运营管理及正式评价做准备，同时有利于绿色建筑目标的实现。

增设绿色建筑等级，扩大绿色建筑覆盖面。新标准作为划分绿色建筑性能档次的评价工具，与老标准相比增加了基本级，可兼顾我国绿色建筑地域发展不平衡的问题，也能够使绿色建筑能够被扩大覆盖面，适应强制推广绿色建筑的趋势，使之与国际绿色评价标准接轨，便于国际交流[29]。

提升绿色建筑性能，促进绿色建筑高质量发展。新标准对参评项目建筑提出全装修的要求，并对全装修的工程质量、选用材料、产品质量有所规定，使其一定程度上能够节省项目工期。另外，所参评的一星级、二星级、三星级绿色建筑需满足节能、节水、隔声、空气质量等技术要求，才能获得对应绿色建筑标识，提高了绿色建筑的品质，对绿色建筑发展有着重要推进作用。

87. 绿色建筑评价标准的内容有哪些?

绿色建筑评价主要是依据《绿色建筑评价标准》（GB/T 50378—2019），标准中将绿色建筑的评价指标体系分为安全耐久、健康舒适、生活便利、资源节约、环境宜居 5 类指标，每一类指标又分为控制项和评分项。另外，除了 5 类基本指标，为了鼓励绿色建筑技术、管理的创新和提高还统一设置了加分项。绿色建筑评价的分值设定如表 5-4 所示。

表 5-4 绿色建筑评价分值

	控制项基础分值	评价指标批评分享满分值					提高与创新加分项满分值
		安全耐久	健康舒适	生活便利	资源节约	环境宜居	
预评价分值	400	100	100	70	200	100	100
评价分值	400	100	100	100	200	100	100

绿色建筑评价的总得分按下式进行计算：

$$Q=(Q_0+Q_1+Q_2+Q_3+Q_4+Q_5+Q_A)/10$$

式中：Q —— 总得分；

Q_0 —— 控制项基础分值，当满足所有控制项的要求时取 400 分；

$Q_1 \sim Q_5$ —— 分别为评价指标体系 5 类指标（安全耐久、健康舒适、生活便利、资源节约、环境宜居）评分项得分；

Q_A —— 提高与创新加分项得分。

当满足全部控制项要求时，绿色建筑等级应为基本级。当总得分分别达到 60 分、70 分、85 分且满足《绿色建筑评价标准》（GB/T 50378—2019）的要求时，绿色建筑等级分为一星级、二星级、三星级。

88. 绿色建筑国际评价标准有哪些？

（1）英国 BREEAM 标准

由英国建筑研究院建立并推行的建筑环境评价方法（Building Research Establishent Environmental Assessent Method），简称 BREEAM 标准，于 1990 年开始实施，是世界上第一个，也是全球最广泛使用的绿色建筑评估方法之一。

BREEAM 标准为建筑所用者、设计者和使用者设计的评价体系，以评判建筑在其整个寿命周期中，包含从建筑设计开始阶段的选址、设计、施工、使用直至最终报废拆除所有阶段的环境性能。通过对一系列的环境问题，包括建筑对全球、区域、场地和室内环境的影响进行评价[30]。

BREEAM 标准是一种条款式的评价系统，从管理、能源使用、健康状态、污染、运输、土地使用、生态环境、材料和水资源等方面来评估建筑环境表现。BREEAM 标准会最终给予建筑环境标志认证，建筑环境性能是以直观的量化分数给出，根据分值规定了通过、良好、非常好、优秀、杰出 5 个等级，同时，规定了每个等级下的设计与建造、管理与运行的最低分值。

（2）美国 LEED 标准

由美国绿色建筑协会建立并推行的《绿色建筑评估体系》（Leadership in Energy and Environmental Design Building Rating System），简称 LEED 标准，是目前在世界各国的各类建筑环保评估、绿色建筑评估以及建筑可持续性评估标准中被认为是最完善、最有影响力的评估标准[31]。LEED 标准更新较为频繁，至今已经历了 1998 年 v1.0、2000 年 v2.0、2003 年 v2.1、2005 年 v2.2、2009 年 v3.0、2013 年 v4.0，目前最新版本为 LEED v4.0。

LEED 标准作为一种性能标准，主要强调建筑在整体和综合性能方面是否能够达到建筑的绿色化要求，各指标间可通过相关调整形成相互补充，以方便使用者可根据本地区的技术经济条件建造绿色建筑的初步模型。

标准中的评价要素主要包括选址与交通、可持续场地、节水、能源与大气、材料与资源、室内环境质量、创新、区域优先 8 个方面进行考察，含有 12 个先决条件（必须满足），包括 43 个得分点，满分为 110 分，通过 LEED 评估的建筑依据得分从高到低，会被分为白金、金、银、认证 4 个等级。

LEED 标准分为五大类，分别为新建建筑设计及施工（LEED BD+C）、既有建筑运营及维护（LEED O+M）、室内装修设计及施工（LEED ID+C）、住宅建筑（LEED-H）、社区规划与发展评估（LEED-ND）。其中 LEED BD+C 又可细分为面向新建筑的评估体系（LEED-NC）、核壳结构与内装分离（LEED-CS）、学校、零售、数据中心等。

（3）日本 CASBEE 标准

由日本可持续建筑协会主持编制的建筑物综合环境性能评价方法（Comprehensive Assessment System for Building Environmental Efficiency），简称 CASBEE 标准，于 2002 年发布，其更新发展迅速，目前，已形成一个较为完整的评价体系。

CASBEE 标准以对地球环境产生影响的观点来评价建筑物的综合环境性能，在评价时必须同时考虑“削减环境负荷”和“蓄积优良建筑资产”两个方面，因此，可全面评价建筑的环境品质和对资源、能源的消耗及对环境的影响。

CASBEE 标准以各种用途、规模的建筑物作为评价对象，从“建议环境效率”定义出发进行评价，试图评价建筑物在限定的环境性能下，通过措施降低环境负荷的效果。该标准的评估体系分为 Q（建筑环境性能和质量）与 LR（建筑环境负荷的减少）。建筑环境性能和质量包括 Q_1（室内环境）、Q_2（服务性能）、Q_3（室外环境），而建筑环境负荷包括 LR_1（能源）、LR_2（资源和材料）、LR_3（建筑用地外环境），其中每个项目都含有若干小项，每个小项采用 5 分评价制，满足最低要求评为 1，达到一般水平评为 3。参评项目最终的 Q 或 LR 得分为各个子项得分乘以其对应权重系数的结果之和，得出 SQ 与 SLR。评分结果显示在细目表中，接着可计算出建筑物的环境性能效率，即 Bee 值。

（4）新加坡 Green Mark 标准

由新加坡建设局编制的绿色建筑评估系统，于 2005 年推出，简称 Green Mark 标准，主要评估建筑对环境造成的影响以及在环境保护方面的性能，该标准体系操作性较强，标准明确，有效合理，得到行业普遍认可。

Green Mark 标准的初始版本包括新建建筑和既有建筑两个部分，而在 2009 年针对区域规划、基础设施、独立住宅、办公室室内环境等的评价版本相继出台，在将居住类新建建筑、非居住类新建建筑的评价版本更新至 v4.1 版本。

Green Mark 标准中的评分指标主要包括节能和其他绿色环保两方面的要求。其中节能要求又分为节能部分和可再生能源利用部分，其他绿色环保要求包括节水类、环保类、室内空气质量类和其他环保措施四部分。同时，Green Mark 标准中也有强制性要求，包括建筑物外墙、屋面、暖通空调系统、气密性、人工照明、通风系统、用电分户计量和照度标准 8 个方面的强制性指标[32]。

通过 Green Mark 标准的建筑依据得分从高到低，会被分为白金、超金、金、认证 4 个等级。

89. 开展农业绿色发展评价的缘由是什么？

2016 年 12 月，国家发展改革委、国家统计局、环境保护部和中央组织部等部门制定印发了《绿色发展指标体系》，从资源利用、环境治理、环境质量、生态保护、增长质量、绿色生活、公众满意度 7 个方面推动绿色发展和生态文明建设。

2017 年 9 月，首个农业绿色发展文件，中共中央办公厅、国务院办公厅印发《关于创新体制机制推进农业绿色发展的意见》，提出要把农业绿色发展摆在生态文明建设全局的突出位置，全面建立以绿色生态为导向的制度体系，在其中要求建立相关保障措施，依据绿色发展指标体系，完善农业绿色发展评价指标，结合生态文明建设目标评价考核工作，对农业绿色发展情况进行评价和考核[33]。

通过采用农业绿色发展指标体系开展评价有着重要的现实意义，经过现实应用之后，可以了解和总结我国各地区的农业绿色发展实际情况，有效地衡量绿色农业发展程度和判定绿色农业发展水平，然后根据各个地区发展中的不足，提出相应的对策来解决实际问题，发展符合自己实际情况的绿色农业之路，实现农业可持续发展、农民生活更加富裕、乡村更加美丽宜居。

90. 建立农业绿色发展评价体系可以遵循的原则有哪些？

农业绿色发展是建立在资源环境条件和可持续发展理论的基础上，依托现代农业生产技术和现代生态环境治理技术，使资源、环境、经济综合协调发展，在构建农业绿色发展评价体系时可以遵循以下原则[34]。

（1）科学性原则

科学合理地选取指标是建立评价指标体系的基本原则。选择指标要符合农业绿色发展的科学理念，各级指标的选取、指标的解释、权重的确定都要讲究科学性和规范性，从而对农业绿色发展作出客观准确的评价。在对地区农业绿色发展状况评价时，选取的指标要符合《关于创新体制机制定制推进农业绿色发展的意见》的目标任务要求，能够覆盖对农业发展中的资源利用、产地环境、生态系统、绿色供给能力等方面的完善。

（2）可操作性原则

一个评价体系的可操作性是极其重要的，评价目的需要明确可行，定量指标选取遵循简单明了、微观性强、便于收集，定性指标的分值要点阐述要简明扼要、言简意赅。

（3）针对性原则

由于我国地域广阔，不同区域在产业结构、地形分布等诸多方面存在显著差异。在进行指标体系设计时要考虑不同区域的特色，努力确保评价指标体系在区域上的针对性，选取适量的相对指标进行度量，以能测算出各区域的差异，保证指标的可比性。

（4）层次性原则

一个有效的指标体系是由不同要素、多种指标组合而成的完整体系。农业绿色发展评价指标体系应具有层次性，从多方面展现绿色农业发展水平。通常设置了 3 个层级指标，按层构筑的方式使指标体系简单明了。

91. 农业绿色发展评价体系的指标可以选择哪些？

农业绿色发展评价体系的指标通常包括以下几个方面：

①生态环境指标：包括土地质量、水质、大气质量等方面的环境指标，用于评估农业生产对生态环境的影响。

②农业生产指标：包括种植面积、产量、种植结构、机械化程度等指标，用于评估农业生产的效率和质量。

③农产品品质指标：包括农产品的营养价值、品质标准、食品安全等指标，用于评估农产品的品质和安全。

④公共利益指标：包括环境保护、生态保护、社会福利等方面的指标，用于评估农业生产的社会效益和公共利益。

⑤经济效益指标：包括农业收入、成本、效益等方面的指标，用于评估农业生产的经济效益和可持续性。

⑥农村社会发展指标：包括农民生活水平、社会文化、农村经济发展等方面的指标，用于评估农业发展对农村社会和经济的影响和贡献。

综上所述，以上这些指标是农业绿色发展评价体系中的常见指标，其目的是通过科学、客观的评估体系来指导农业的绿色发展。不同的地域和国家会根据具体情况制定相应的指标。

92. 绿色化学的评估原则有哪些？

绿色化学是期望从源头上减少或消除化学污染，而绿色化学原则是对绿色化学内涵最好的诠释。遵循绿色化学原则指导，可减少创新工作的环境影响，提供能够提高可再生成分含量、减少原材料使用并降低环境影响的新技术[15]。

1998年，P. T. Anastas 和 J. C. Waner 从源头上减少或消除化学污染的角度出发，提出了著名的绿色化学 12 条原则（Twelve Principles of Green Chemistry），作为开发环境无害产品和工艺的指导，简称前 12 条。

1）预防性原则（Prevention Principle）。在设计化学物质时，应该考虑其绿色性能，避免潜在的环境和健康影响。

2）原子经济原则（Atom Economy Principle）。通过最大化化学反应的原子利用率来减少废物的产生。

3）通过合成路线设计减少化学品的使用量（Design Safer Chemicals）。设计安全合成路线以最小化化学品使用，降低有害的化学反应，或使用最少量的无害化学品。

4）可再生原料的使用（Use of Renewable Feedstocks）。使用可再生的、资源充足的原料，减少使用对环境和人类的影响。

5）能源效率（Energy Efficiency）。化学反应应该以最小化消耗能源的方式进行。

6）减少用毒物质（Reduction of Derivatives）。减少合成过程中的中间体，反应废物和副产物等有毒化学品的使用和生成。

7）设计可分解物质（Catalysis）。使用催化剂和反应溶剂，实现高效、经济、绿色的合成过程。

8）减少污染（Design for Degradation）。设计可以自然降解或可循环再利用的化学品。

9）实现安全性与网络化。使用实时监测技术来保证生产过程中的安全性与网络化。

10）实现安全性&网络化。在设计化学物质时，应考虑其潜在的安全性，避免潜在的危险和事故发生。

11）设计供应链的可持续性（Designing for Safer Chemistry）。在设计和选择化学物质时，应考虑整个供应链的可持续性，从原材料的采购到最终的处理和处置。

12）意识形态（Renewable-Based Economics）。将绿色化学原则纳入经济考虑，鼓励在经济上实现化学品的可持续性。

为了使前 12 条绿色化学原则更加完整，准确衡量化学品及其制备和使用前后的过程中对人体健康与环境的负面影响程度，利物浦大学化学系催化创新中心的 Neil Winterton 从技术、经济和商业等角度出发，提出了绿色化学的另外 12 条原则，简称后 12 条，其内容主要如下：

1）副产物的识别和量化。

2）目的产物的转化率、选择性和产率。

3）产品生产过程的物料衡算。

4）溶剂和催化剂在空气和排出物中损失量的测定。

5）反应体系的基础热力学数据。

6）热量和质量传递限制因素的预测。

7）工业化前景咨询。

8）工业化放大过程对化学选择性的影响。

9）发展和应用过程可持续性程度评价的手段。

10）量化并减少各种助剂和能量的消耗。

11）安全操作和减少废物的一致性。

12）实验室及工业放大过程中废物排放的监测、记录和减少。

后 12 条可以引导绿色化学家和实验研究人员进行早期研究计划的制订并开展研究工作，从对废物最小化的潜力进行评估，进而对化学品生产过程的绿色程度进行评价，评估一个工艺过程的绿色性，并与其他的工艺相比较。

93. 绿色化工的评估原则有哪些?

绿色化学 12 条原则可以被用作评价化学品及其指标过程是否绿色的标准，而为了评估绿色化学在化学工程技术中的作用，着眼于如何通过科学和技术创新提高可持续发展能力，W. McDonough 和 P. T. Anastas 等进一步提出了化学过程的绿色工程技术 12 条原则，用于指导化学工程的设计工作，应用这些绿色化学工程技术原则[36]，可以设计开发出新的、对环境友好的绿色化学工艺技术，其具体内容如下：

1）设计者要致力于保证所有输入和输出的原料和能量尽可能的内在无害。

2）废物预防优于其产生后再处理或清除。

3）分离和纯化操作应考虑在原料和能量消耗最小化的设计框架内。

4）设计产品、过程和系统时应使质量、能量、空间和时间的效率最大化。

5）产品、过程和系统的牵引产出优于能量和原料的投入。

6）制定再循环、回用或效益安排设计时，必须把嵌入熵和复杂性看作一种投资。

7）把产品的耐久性而不是永久性当作一个设计目标。

8）应把不必要的性能或生产能力的设计当作是一种设计缺陷。

9）产品组分有多种时应尽量减少原料的多样性，以利于产品的分离和保值。

10）产品、过程和系统的设计必须包括可利用能量和原料流的相互关联和集成。

11）产品、过程和系统的设计要考虑产品商业用途终结后的表现。

12）可再生原料和能量的输入优于一次性原料和能量。

上述绿色工程的原则面向工程实际，是实现绿色设计和可持续发展目标的一整套方法论，为科学家和工程师参与对人体健康和环境有利的原料、产品、过程和系统的设计提供了一套参照框架。另外，由于化学工程科学在现实化学工业绿色化中的实际应用，2003 年在美国佛罗里达州召开的绿色化学工程技术会议上，进一步提出了绿色化学工程技术的 9 条附加原则：

1）整体考虑工艺过程和产品，使用系统分析与集成的方法来评估对环境的影响。

2）保障并改善自然生态系统，同时也要保护人类健康和生活安宁。

3）在工程活动中要考虑整个生态循环。

4）尽可能保障所有的物质和能量安全并良性地输入和输出。

5）尽可能减少对自然资源的消耗。

6）努力减少废弃物的产生。

7）在对当地地理和人文认知的基础上，开发和实施工程解决方案。

8）通过革新、创造和技术发明实现可持续发展，在传统和主流工艺之上，创造性地提出工程解决方案。

9）让股东和社会共同积极地参与工程解决方案的开发。

94. 工业清洁生产评价指标的类型有哪些？

清洁生产是绿色化学在生产中的体现，是将污染预防战略持续性应用于生产的全过程，通过不断地改善管理方式和提升技术进步水平，提高资源利用率，减少污染物排放，以降低对环境和人类的危害。

清洁生产评价指标是为界定一个生产工艺或产品的环境品质的清洁状况而设计的，为评价选定的清洁生产方案的实施效果提供客观依据，是评估生产工艺或产品是否符合清洁生产理念的基准。清洁生产指标具有标杆的功能，为评价清洁生产绩效提供了一个标准，为清洁生产理念的推广和持续清洁生产的推动提供动力支持。

世界各国常用的清洁生产指标依据其性质大致可分为 3 类，分别是宏观性指标、微观性指标和环境设计指标。宏观性指标为定性指标，可以表明工厂经营者和管理者对环境的承诺和体现企业的管理水平；微观性指标属于定量指标范围，通过对检测的结果进行一系列计算得到具体数值，来表示工厂对环境的影响程度；环境设计指标通常是由产品生命周期的分析结果得来，是以产品生命周期模式将产品分为制造、销售、使用和弃置 4 个阶段，每个阶段再依其特性设计出适用的清洁生产指标。

95. 工业清洁生产评价体系中的指标是什么？

在国家发展改革委、环境保护部和工信部联合印发的《清洁生产评价指标体系编制通则》（试行）中[37]，对清洁生产评价体系中的指标进行了划分，其由一级指标和二级指标组成。一级指标包括生产工艺及装备指标、资源能源消耗指标、资源综合利用指标、污染物产生指标、产品特征指标和清洁生产管理指标 6 类，每类指标又由若干个二级指标组成。

1）生产工艺及装备指标为产品生产中采用的生产工艺和装备的种类、自动化水平、生产规模等方面的指标。

2）资源能源消耗指标是对企业生产过程中的能源和资源消耗情况的评价。

3）资源综合利用指标是看企业是否有对废弃物进行再利用、降低资源浪费的情况。

4）污染物产生指标为单位产品生产（或加工）过程中，所产生污染物（末端处理前）的量的指标。

5）产品特征指标为影响污染物种类和数量的产品性能、种类和包装，以及反映产品贮存、运输、使用和废弃后可能造成的环境影响等的指标。

6)清洁生产管理指标为衡量对企业所制定和实施的各类清洁生产管理相关规章、制度和措施的要求，包括执行环保法规情况、企业生产过程管理、环境管理、清洁生产审核、相关环境管理等方面。

96. 工业清洁生产评价的流程是什么？

根据《清洁生产评价指标体系编制通则》（试行）中的有关说明，根据当前各行业清洁生产技术、装备和管理水平，宜将二级指标的基准值分为 3 个等级：Ⅰ级为国际清洁生产领先水平；Ⅱ级为国内清洁生产先进水平；Ⅲ级为国内清洁生产一般水平。对于Ⅰ级、Ⅱ级和Ⅲ级的基准值将根据当前行业清洁生产情况进行确定，Ⅰ级基准值应参考国际清洁生产指标领先水平，以当前国内 5%的企业达到该基准值要求为取值原则；Ⅱ级基准值应以当前国内 20%的企业达到该基准值要求为取值原则；Ⅲ级基准值应以当前国内 50%的企业达到该基准值要求为取值原则。

采用限定性指标评价和指标分级加权评价相结合的方法。在限定性指标全部达到Ⅲ级水平的基础上，采用指标分级加权评价方法，计算行业清洁生产综合评价指数。根据综合评价指数，确定清洁生产等级。根据行业清洁生产评价指标体系框架表进行清洁生产的评估，评估框架如表 5-5 所示。

表 5-5 行业清洁生产评价指标体系框架

序号	一级指标	一级指标权重	二级指标	单位	二级指标权重	Ⅰ级基准值	Ⅱ级基准值	Ⅲ级基准值
1	生产工艺及装备指标	—	工艺类型	—	—	—	—	—
2		—	装备设备	—	—	—	—	—
3		—	……	—	—	—	—	—
4	资源能源消耗指标	—	单位产品综合能耗*	tce/单位产品	—	—	—	—
5		—	单位产品取水定额*	t/单位产品	—	—	—	—
6		—	单位产品原辅料消耗	kg/单位产品	—	—	—	—
7		—	……	—	—	—	—	—

序号	一级指标	一级指标权重	二级指标	单位	二级指标权重	Ⅰ级基准值	Ⅱ级基准值	Ⅲ级基准值
8	资源综合利用指标	—	余热余压利用率	%	—	—	—	—
9		—	工业用水重复利用率	%	—	—	—	—
10		—	工业固体废物综合利用率	%	—	—	—	—
11		—	……	—	—	—	—	—
12	污染物产生指标	—	单位产品废水产生量*	t/单位产品	—	—	—	—
13		—	单位产品化学需氧量产生量*	t/单位产品	—	—	—	—
14		—	单位产品二氧化硫产生量*	t/单位产品	—	—	—	—
15		—	单位产品氨氮产生量*	kg/单位产品	—	—	—	—
16		—	单位产品氮氧化物产生量*	kg/单位产品	—	—	—	—
17		—	……	—	—	—	—	—
18	产品特征指标	—	有毒有害物质限量*	—	—	—	—	—
19		—	易于回收、拆解的产品设计	—	—	—	—	—
20		—	……	—	—	—	—	—

序号	一级指标	一级指标权重	二级指标	单位	二级指标权重	Ⅰ级基准值	Ⅱ级基准值	Ⅲ级基准值
21	清洁生产管理指标	—	清洁生产审核制度执行	—	—	—	—	—
22		—	清洁生产部门和人员配备	—	—	—	—	—
23		—	……	—	—	—	—	—

注：带*的指标为限定性指标。

根据评分结果，Ⅰ级清洁生产水平（国际清洁生产领先水平）应满足Ⅰ级水平，分值为85分以上，且所有限定性指标满足Ⅰ级基准值要求；Ⅱ级清洁生产水平（国内清洁生产先进水平）应满足Ⅱ级水平，分值为85分以上，且所有限定性指标满足Ⅱ级基准值要求；Ⅲ级清洁生产水平（国内清洁生产一般水平）应满足Ⅲ级水平，分值为100分。

此外，为了清洁能源提纲一个可借鉴的例子，这里以人造板工业清洁生产评价指标体系为例，对清洁能源的工业清洁生产评价进行说明。

为贯彻实施《中华人民共和国环境保护法》和《中华人民共和国清洁生产促进法》，进一步推动中国的清洁生产，防止生态破坏，保护人民健康，促进经济发展，并为人造板行业（中密度纤维板）开展清洁生产提供技术支持和导向，制订《人造板行业（中密度纤维板）清洁生产评价指标体系》。本标准适用于人造板行业（中密度纤维板）生产企业的清洁生产审核、清洁生产潜力与机会的判断、清洁生产绩效评定和清洁生产绩效公告制度（表5-6～表5-8）。

表 5-6　人造板工业清洁生产定量评价指标项目及权重值

一级评价指标	一级评价指标权重	二级指标评价体系	二级评价指标权重值（K_{ij}）
资源与能源消耗指标	20	单位产品木质材料消耗量（绝干）	5
		单位产品胶黏剂消耗量（实质物）	4
		单位产品辅料消耗量	3
		单位产品综合消耗	5
		单位产品新鲜水消耗量	3
产品特征指标	15	产品合格率	5
		产品甲醛释放量	5
		产品 TVOCs 释放率	5
污染产生指标	37	单位产品污水产生量	3
		单位产品 COD 产生量	3
		单位产品 SO_2 产生量	3
		单位产品 TVOCs 产生量	3
		单位产品粉尘产生量	4
		单位产品烟尘产生量	3
		单位产品废渣产生量	2
		污水排放指标	3
		粉尘排放指标	4
		烟尘排放指标	3
		TVOCs 排放指标	3
		厂界噪声数值（昼间/夜间）	3
废弃物利用指标	12	加工剩余物回收利用率	4
		其他废渣利用率	4
		生产用水重复利用率	4
环境管理与生产安全卫生指标	16	工作场所空气中总粉尘浓度	4
		工作场所有害因素职业接触浓度	4
		环境污染事故发生率	4
		安全生产隐患整改率	4

表 5-7 人造板工业清洁生产定性评价指标体项目分值与评价标准

一级评价指标	一级评价指标分值	二级评价指标	二级评价指标分值	二级评价指标分值得分标准
资源能源消耗指标	10	采用加工剩余物或循环泗洪废旧木材	5	全部使用废旧木材或加工剩余物的得5分；全部使用竹材、植物秸秆的得 5 分；使用部分的得3分；未使用的得0分
		采用清洁能源	5	采用加工剩余物作为燃料全部替代或部分替代煤炭的分别得5分、3分
产品特征指标	10	产品具有可再生性	5	目前技术水平下，废旧制品可回收再利用的得5分，不具备有效利用途径的得0分
		产品符合现行安全要求	5	有任一单项不符合的得0分
废弃物利用指标	5	余热回收利用	5	对于主要用热设备，采取率余热回收利用措施的得 5 分；部分回收的得 2 分；未采取措施的得0分
环境管理与生产安全卫生	55	建立环境管理体系并通过认证	5	只建立环境管理体系但尚未通过认证的得5分，未建立环境管理体系的得0分
		开展清洁生产审核	5	未经清洁生产审核的得0分
		建设项目环境影响评价制度执行情况	5	有任一违反建设项目环境影响评价制度的项目的得0分
		通过职业安全卫生健康管理体系认证	5	建立并通过职业安全卫生健康管理体系的得5分；只建立但尚未通过认证的得2分，未建立环境管理体系的得0分
		按国家相关规定进行定期健康检查	5	未进行定期健康检查的得0分
		老污染源限期治理指标完成情况	5	老污染源限期治理指标未能按照要求完成的得0分
		作业常年所有必备的劳动防护措施	5	未采取任何防护措施的得0分

一级评价指标	一级评价指标分值	二级评价指标	二级评价指标分值	二级评价指标分值得分标准
环境管理与生产安全卫生		有各种意外事故的应急预案	5	无应急预案的得0分
		污染排放达标情况	5	凡水污染和气态污染以及厂界噪声中任何一项不能达标的得0分
		作业场所环境达标情况	5	若车间仅有单项粉尘（烟尘）排放按单项达标情况评价。达标得5分，未达标得0分 若车间有多项粉尘（烟尘）排放，在所有单项均分别达标时得5分，若有任一单项指标未达标的得0分
		污染排放总量控制情况	5	对水污染和气态污染均有超总量控制要求的得0分，凡仅有水污染或气态污染中任一单项指标超过总量控制要求的得4分

表5-8 人造板工业清洁生产定性评价指标体系评价标准

一级评价指标	一级评价指标分值	二级评价指标	二级评价指标分值	二级指标分值得分标准
生产技术特征	20	建立节材节能减排管理制度	5	凡企业已制定颁布专项节能、节材、节水管理制度，并已实施1年以上，有良好执行效果的得5分 已制定颁布专项节能、节材、节水管理制度，并已实施1年以内，无明显良好执行效果的得3分 缺少节能、节材、节水中任 N 项管理制度的，其得分值为相应分值乘以（$1-N/5$）
		淘汰高耗能机电产品与装备	5	凡企业未在生产中使用国家已经明令淘汰的机电产品的得5分；凡企业在生产中仍使用国家已经明令淘汰的机电产品、生产工艺的得0分
		采用高效节能生产工艺与装备	5	针对生产线主要高耗能设备和缓解已通过技术改造而采取高效节能生产技术的得5分，而针对部分高耗设备和环节进行改造的得3分，未采取任何技术改造的得0分
		生产中禁用淘汰材料执行状况	5	产品生产中未使用国家明令限期淘汰的材料并未使用我国参加的国家议定书规定淘汰的材料的，得5分，否则得0分

97. 绿色化学化工过程的评估方法有哪些?

绿色化学化工是当今国际化学科学研究的前沿，是从源头预防和消除污染，最大限度地从资源合理利用、环境保护和生态平衡等方面满足人类可持续发展的化学化工。因此，确立化学化工过程“绿色化”的评价指标、全面评估绿色化学化工过程的绿色性、开发高效的绿色技术对实现可持续发展具有重要的现实意义。目前，对化学化工过程的绿色评估，采用的方法主要是有以下 4 种。

（1）生命周期评估

生命周期评估方法是一项自 20 世纪 60 年代开始发展的重要环境管理工具，生命周期是指某一产品（或服务）从取得原材料，经生产、使用直至废弃的整个过程，其主要分为互相联系的 4 个步骤，即目的与范围确定、清单分析、影响评估和解释说明。目的与范围确定，主要是将生命周期评估研究的目的及范围予以清楚地确定，使其与预期的应用相一致；清单分析，编制一份与研究的产品系统有关的投入与产出清单，包含资料搜集及运算，以便量化一个产品系统的相关投入与产出，这些投入与产出包括资源的使用和对空气、水体及土地的污染排放等；影响评估，采用生命周期清单分析的结果，来评估与这些投入与产出相关的潜在环境影响；解释说明，将清单分析及影响评估所发现德育研究目的有关的结果合并在一起，形成结论与建议。

生命周期评估主要是为了找出最适宜的预防污染技术，尽可能减少环境的污染，保护生态系统；同时达到合理开发和资源利用、节约不可再生的资源和能源、最大限度地进行原料和废物的循环利用的目的，实现经济、社会的可持续发展。

（2）原子经济性

绿色化学的“原子经济性”是指在化学品合成过程中，合成方法和工艺应被设计成能把反应过程中所用的所有原材料尽可能多地转化到最终产物中，从而考虑了化学反应对环境的影响，可以评判废物排放的数量和性质，追求化学化工过程的最大效益，从源头上预防了污染，实现废物的零排放，达到环境友好。

该方法由美国斯坦福大学有机化学教授 B. M. Trost 于 1991 年提出，认为高效的有机合成反应应最大限度地利用原料分子的每一个原子，使之结合到目标分子中，达到零排放。

原子经济性是衡量所有反应物转变为最终产物的量度。如果所有的反应物都被完全结合到产物中，则合成反应具有 100%的原子经济性。

（3）环境因子

环境因子（E-因子）是荷兰有机化学教授 R. A. Sheldon 在 1992 年提出的一个量度标准，定义为产品生产全过程中所有废物质量与目标产物质量的比值，即每产出 1 kg 产物所产生的废弃物的总质量，它不仅针对副产物、反应溶剂和助剂，还包括在产品纯化过程中所产生的各类废物。E-因子越大意味着废弃物越多，对环境负面影响越大，因此，E-因子为零是最理想的。从化学工业相关的各个子行业来看，往往产品越精细，附加值越高，环境因子也越大，数值指标如表 5-9 所示。

表 5-9 环境因子指标表

化工行业	产量/（t/a）	E-因子
石油炼制	10^6～10^8	～0.1
大宗化工产品	10^4～10^6	1～5
精细化工	10^2～10^4	5～50
医药工业	10～10^3	25～100

（4）质量强度

为了较全面评价有机合成反应过程的绿色性，更实际地衡量产率提升及原料成本控制的指标，A. D. Curzons 和 D. J. C. Constable 提出了反应的质量强度（mass intensity，MI）概念，即获得单位质量产物所消耗的原料、助剂、溶剂等物质的质量，包括反应物、试剂、溶剂、催化剂等，也包括所消耗的酸、碱、盐及萃取、结晶、洗涤等所用的有机溶剂质量，但不包括水。质量强度越小，生产成本越低，能耗越少，对环境的影响也就更小。因此，质量强度是一个很有用的评价指标，可以用来评价一种合成工艺或化工生产的过程。

98. 绿色水电国际认证标准有哪些？

绿色水电国际认证标准是为了评估和认可具有可持续性的水电项目而制定的标准体系。当今，越来越多的电力公司和政府机构希望向可再生能源转型，尤其是水电。为了能够让消费者和投资者对水电产业进行有效监管和认证，国际上出现了一些绿色水电认证标准，以下是对绿色水电认证标准进行更进一步的介绍。

（1）绿色水电标准（Green Hydro Label）

绿色水电标准是欧洲的一个绿色水电认证标准，旨在通过支持和发展可持续水电产业来减少对气候和自然资源的影响。该标准对评估项目的水域环境、生态系统、气候和可持续发展等起到了重大影响，并通过系统级别的评价来评定水电项目的可持续性。绿色水电标准的制订对于获得认证的项目，将会颁发相应的标识，该标准目前主要应用于欧洲。

（2）美国可再生能源认证体系（Green-e Energy）

美国可再生能源认证体系是由美国非营利机构 Center for Resource Solutions 建立的可再生能源认证体系。该平台认证了各种类型的可再生能源项目，包括太阳能、风能、水能、生物质能和地热能等。在这些证书中，水力发电是其中一种，如果项目能够满足认证标准，就可以获得相应的证书。目前，在中国境内，多家水力发电公司已获得 Green-e 能源认证，包括美都能源、泸州水电、云南水电等。

（3）国际可持续能源标准（International Renewable Energy Standard）

国际可持续能源标准是由德国计量科学研究所 TüV Nord 颁发的认证标准，该标准适用于各种可再生能源项目，在水力发电方面，该标准对评估项目的可持续性和社会责任起到了重要的影响。在中国境内，一些水力发电企业，如雅鲁藏布江水电开发公司、长江电力、国电集团等已经成功申请了 I-REC 认证。

（4）金水印标准（The Gold Standard）

金水印标准是全球性的认证标准，旨在认同环境项目和社会责任的贡献，除水力发电之外，该标准还包括许多其他可再生能源。金水印标准认为，可持续的水力发电项目应该比传统的水力发电项目能够更好地减少排放及生态破坏。在中国，三峡集团、国家电网、中国水电、南华能源等企业也在进行这种认证，但这些企业尚未获得该认证的标准。

99. 构建绿色电网评价体系的指标有哪些?

电网工程的绿色化建设关系着电网运行水平，直接影响着电力行业的持续发展能力，其绿色化是要求电网需满足社会和生态环境保持协调的发展要求，即在安全可靠性技术水平、绿色化管理水平、智能化系统水平等领域进行创新与发展，构建绿色电网评价体系是以节地、节材和节能降耗等环保目标为重点考虑对象，实现电网设施与城市、自然及周边居民的和谐共处[40]。

绿色电网的评价可以从技术性、经济性和绿色化水平等方面展开评价，选取安全可靠性、绿色化水平、经济性、智能化水平、效率水平作为一级指标构建评价体系[41]，绿色电网评价体系指标框架如表 5-10 所示。

表 5-10 绿色电网评价体系指标框架

一级指标	二级指标
安全可靠性评价	静态电压安全性
	安全供电能力
	暂态安全性
	风险评估
	设备可靠性
绿色化水平评价	线损管理
	新技术应用水平
	能源结构

一级指标	二级指标
绿色化水平评价	电动汽车
	污染物等效减排量
	节材节地水平
经济性评价	规模经济性
	运营经济性
智能化水平评价	电源接入能力
	输配电环节智能化
	用电环节智能化
	调度环节智能化
效率水平评价	输电线路容量利用率
	输电网主变容量利用率
	配电线路用量利用率
	配电网主变容量理论率

100. 绿色工厂评价的基本依据是什么？

绿色工厂的评价依据主要是按《绿色工厂评价通则》（GB/T 36132—2018）进行评价，该标准由工信部节能与综合利用司提出，中国电子技术标准化研究院联合钢铁、石化、建材、机械、汽车等重点行业协会、研究机构和重点企业等共同编制，于 2018 年 5 月 14 日正式发布。

作为我国绿色工厂评价领域的顶层文件，《绿色工厂评价通则》（GB/T 36132—2018）的发布建立了我国绿色工厂综合性的通用模型，统一了我国绿色工厂评价的总体要求，对于推行绿色制造、推进供给侧结构性改革、加快制造业绿色转型发展、促进工业平稳增长、打造制造业国际竞争新优势具有里程碑式的意义。《绿色工厂评价通则》明确了绿色工厂术语定义，从基本要求、基础设施、管理体系、能源资源投入、产品、环境排放、绩效等方面，并按照“厂房集约化、原料无害化、生产洁净化、废物资源化、能源低碳化”的原则，建立了绿色工厂系统评价指标体系，提出了绿色工厂评价通用要求，有利于引导广大企业创建绿色工厂，推动工业绿色转型升级，实现绿色发展。

绿色工厂评价的指标体系和通用要求的总体模型是适用于制造业等绿色工厂的评价，对于各行业乃至具体产品制造业评价的具体要求，各行业将根据总体标准提出的总体思路和体系模型制定相应的行业具体标准[42]。

101. 绿色工厂评价的指标有哪些?

绿色工厂应在保证产品功能、质量以及生产过程中对人员健康安全的前提下，引入生命周期思想，优先选用绿色原料、工艺、技术和设备，满足基础设施、管理体系、能源与资源投入、产品、环境排放、绩效的综合评价要求，并进行持续改进。

绿色工厂评价指标分为“基本要求”和“评价指标要求”，其中，基本要求是一票否决项。申报的工业企业应依法设立，在建设和生产过程中应遵守有关法律、法规、政策和标准；近3年（含成立不足3年）无较大及以上安全、环保、质量等事故。一般情况下，符合上述条件的工业企业都可以进行绿色工厂申报，但是并不是所有的企业都适合进行申报，企业也要考虑到自身的经济基础和经济效益、所在行业生产水平地位等。

绿色工厂评价指标分为一级指标和二级指标，具体要求包括基本要求和预期性要求。其中，基本要求是纳入绿色工厂试点示范项目的必选评价要求，需满足指标体系中所有基本要求才可进行绿色工厂申报，即一票否决项，而预期性要求是绿色工厂创建的参考目标，鼓励地方结合地区发展水平、参照预期性指标提出更高的要求。

具体来讲，绿色工厂评价一级指标包括基础设施、管理体系、能源资源投入、产品、环境排放和绩效6类，其中，细分为25项二级指标，总分共计100分。

102. 钢铁行业绿色工厂评价体系是什么？

中国是制造业大国，制造业及其产品的能耗约占全国能耗的 2/3，而钢铁行业能源消耗约占全国能源消耗的 11.3%，占工业能源消耗的 20.7%，是名副其实的能耗大户。因此，实施钢铁行业的绿色制造工厂是实现产业转型升级的重要任务，对钢铁行业开展绿色工厂的评价，有助于钢铁企业的绿色发展。

《钢铁行业绿色工厂评价导则》（YB/T 4771—2019）的编制[6]以国家标准《绿色工厂评价通则》（GB/T 36132—2018）为基础，遵循了一致性原则、定量与定性结合原则和行业性原则。一致性原则，评价总体结构与 GB/T 36132—2018 提出的相关评价指标体系和通则要求保持一致，按基本要求、基础设施、管理体系、能源与资源投入、产品、环境排放、绩效 7 个一级指标展开阐述；定量与定性结合原则，定量评价指标选取有代表性的、能反映节能、降耗、减污和增效等有关绿色生产制造的指标，定性评价指标主要根据国家有关推行绿色生产的产业发展和技术进步政策、资源环境保护政策规定以及行业发展规划选取；行业性原则，在 GB/T 36132—2018 通则的基础上突出钢铁行业的特性，提出符合钢铁行业的评价要求。

在钢铁行业的指标权重分配中，该评价体系充分考虑了钢铁行业的特点。该行业可量化、集约化、原料无害化、生产洁净化、废物资源化、能源低碳化绩效指标的内容占比为 30%；主要工艺装备及辅助装备以及计量、照明等设施是绿色工厂的基础，占比为 20%；管理组织机构和管理体系建设体现了企业的重视程度和具体管理能力，占比为 15%；环境排放、能源与资源投入是绿色工厂评价的重要三点，其中环境排放占比为 10%，能源与资源投入占比为 15%；产品是绿色工厂的最终产出体现，是绿色工厂的产出结果，赋予 10%的权重。以上 7 个方面构成了钢铁行业绿色工厂评价的全部权重。

各一级指标权重系数分配如下：

——基本要求，采取一票否决制，应全部满足；

——基础设施，20%；

——管理体系，15%；

——能源与资源投入，15%；

——产品，10%；

——环境排放，10%；

——绩效，30%。

103. 水泥行业绿色工厂评价体系是什么？

水泥行业在支撑国民经济快速发展的同时，也消耗了较多的资源、能源，同时也带来了环境污染。据有关资料显示，我国水泥行业能耗占全国建材行业总能耗的75%左右，消耗煤炭占全国煤炭消费量的15%左右。因此，推进水泥企业的资源高效循环利用，降低能耗、物耗和水耗，持续提高绿色低碳能源使用率，实现绿色低碳转型是实现可持续发展的水泥企业的必经之路。

《水泥行业绿色工厂评价导则》标准中定义了水泥绿色工厂为生产通用水泥、特种水泥或硅酸盐水泥熟料产品实现了用地集约化、原料无害化、生产洁净化、废物资源化、能源低碳化的水泥生产工厂。该标准是在考虑全生命周期理念的前提下，指导企业根据水泥行业的生产特点，利用绿色工艺、技术和设备，通过提高用能效率、提高资源综合利用水平、提高生产自动化程度等途径满足基础设施、管理体系、能源资源投入、产品以及环境排放等方面的定性评价要求，通过综合绩效的定量评价，评估企业在用地集约化、原料无害化、生产洁净化、废物资源化、能源低碳化等方面是否满足水泥绿色工厂的要求。

根据北京国建联信认证中心有限公司对国内第一批水泥绿色工厂的调研结果，调研中的水泥绿色工厂环境绩效评价平均水平如表5-11所示。

表 5-11 水泥行业绿色工厂评价指标表

绩效指标	平均值	备注
容积率	0.79	
单位用地面积产值/（万元/hm^2）	1.635	
单位产品主要污染物产量/（kg/t）	颗粒物：0.05 SO_2：0.02 NO_x：0.4	在线监测数据
单位产品废气产生量/（m^3/t）	1 951	
单位产品主要原材料消耗量/（t/t）	1.18	
单位产品综合能耗/（kgce/t）	84	
单位产品碳排放量/（tCO_2/t）	0.84	碳核查报告数据

104. 绿色工厂国际评价体系有哪些？

（1）欧盟组织环境足迹

自 2012 年起，欧洲委员会的联合研究中心和环境与持续发展所开展研究了环境足迹评价技术，从生命周期角度多标准衡量组织的环境绩效，编制了《产品和组织生命周期表现测试和沟通通用方法》，其目的是希望减少与组织活动相关的环境影响，同时考虑供应链活动（从原材料的提取，通过生产和使用，到最终废物管理），主要涉及制造业、公共机构等方面，可用于标杆管理和绩效跟踪、最低环境成本的采购、减灾活动及自愿性或强制性计划的参与。

（2）韩国绿色认证体系

2010 年，韩国通过《低碳绿色增长基本法》，开始实施绿色认证制度，随后也历经了两次修订。绿色企业认证是以绿色技术为核心的绿色评价体系，采用绿色技术的销售产品占比超过 20%的企业认定为绿色企业，获得绿色认证的企业有相当多的优惠政策，包括绿色产业融资支援，可获得政府颁发的环保奖项，绿色制造性能检测优惠，海外人才、高级人才优先派遣，在技术转让、引进投资、咨询服务、政府采购等方面具有优先权力。通过该项工作的实施，调动了企业参与绿色认证的主观能动性，企业的节能减排水平有了很大提升，推动了国家的绿色理念。

（3）日本绿色评价体系

早在2000年，日本就提出了建立“循环型社会”的构想，构建国家层面的绿色评价体系，采取了有力的环保措施。在评价方面，日本推行环境会计制度，围绕业务领域成本、上游/下游成本、管理活动成本、研发成本、社会活动成本、环境损伤成本和其他成本7类环保成本，把用于环境保护的投资和由此而获得的经济效益作定量和定性的测定、分析并加以公布，以此提高日本社会能源循环利用效率，提升绿色工厂生产效能。

（4）泰国绿色评价体系

泰国工业联合会从2011年开始进行生态工厂的认证工作，其认证文件包括发展生态工厂的框架、生态工厂范围、术语和定义，以及生态工厂标准、细则和指引等部分。评价生态工厂主要从5个方面展开，包括零排放、资源和能源效率、环境管理系统、产品活动（绿色、安全、透明）和社区合作。具体评价指标包括原材料、能源、水和废水、空气污染、温室气体、废物管理、社区、化学品管理、健康安全、运输、绿色供应链等14项。

105. 绿色化工园区评价体系是什么?

化工园区的绿色发展对于国家环境质量和经济发展影响重大，需要系统而专业的绿色评价体系引导园区实现高标准转型及高质量发展，实现可持续的绿色发展。

中国石油和化学工业联合会组织编制了《绿色化工园区评价导则》（HG/T 5906—2021），规定了绿色化工园区评价的基本要求、评价指标体系、评价实施方法与指标计算方法。该标准选取产业发展、基础设施、环境绩效、资源利用和园区管理 5 个指标作为一级指标，评估化工园区的绿色发展水平，具有较强的行业性、实用性和先进性，具体指标如表 5-12 所示（其中，对绿色化工园区的评价工作采取化工园区自评自报及专家现场审查评议相结合的方式进行。根据化工园区绿色评价分值，综合得分 80 分以上的可参加绿色化工园区评选）。

表 5-12 绿色化工园区评价指标表

一级指标	序号	二级指标	单位	指标要求	分值
产业发展（16 分）	1	化工行业主营业务收入	亿元	≥100	3
	2	化工企业中高新技术企业占比	%	≥20	3
	3	产业关联度（化工类）	%	≥40	5
	4	绿色工厂示范企业	个	≥1	2
	5	工业企业清洁通过审核率	%	≥60	3
基础设施（17 分）	6	工业供水体系	—	建立体系	2
	7	企业集中供热比率	%	≥80	3
	8	工业废水收集体系	—	建立体系	4
	9	危险废物处置利用能力	—	≥50	2
	10	公共管廊覆盖率	—	—	3
	11	建设园区环保监测监控体系及应急配套能力	—	建立体系	3
环境绩效（30 分）	12	生态环境保护投资比率	%	≥2.0	3
	13	大气环境质量达标率	%	≥70	3
	14	地表水环境质量达标率	%	≥80	3
	15	地下水环境质量达标率	%	≥80	3
	16	土壤环境质量不超过建设用地土壤污染风险管制标准要求的比例	%	≥80	3
	17	单位工业总产值 COD 排放量	kg/万元	≤0.15	3
	18	单位工业总产值氨氮排放量	kg/万元	≤0.02	3
	19	单位工业总产值二氧化硫排放量	kg/万元	≤0.5	3
	20	单位工业总产值氮氧化物排放量	kg/万元	≤0.5	3
	21	单位工业总产值 VOCs 排放量	kg/万元	≤10	3

一级指标	序号	二级指标	单位	指标要求	分值
资源利用（23分）	22	单位工业总产值综合能耗	tce/万元	≤2.0	3
	23	单位工业总产值新鲜取水量	m^3/万元	≤10.0	3
	24	工业固体废物综合利用率	%	≥70	3
	25	工业用水重复利用率	%	≥90	3
	26	中水回用率	%	≥10	2
	27	单位土地投资强度	亿元/km^2	≥30	3
	28	单位土地主营业务收入	亿元/km^2	≥20	3
	29	单位土地税收	亿元/km^2	≥1.5	3
园区管理（14分）	30	建立项目准入退出机制	—	建立体系	2
	31	信息公开制度	—	建立体系	1
	32	化工园区综合管理信息平台	—	建立体系	2
	33	建立绿色发展组织机构	—	建立体系	2
	34	绿色发展省部级以上荣誉称号	—	—	2
	35	建立并落实产业发展规划	—	建立体系	2
	36	建立专业第三方服务机制	—	建立体系	1
	37	践行责任关怀	—	建立体系	2
合计					100

第6章

绿色工程与“一带一路”的内在联系

绿色是“一带一路”的底色。“一带一路”不仅是经济繁荣之路，也是绿色发展之路。中国在“一带一路”建设实践中始终秉持绿色发展理念，推动基础设施、绿色低碳化建设和运营管理，在投资贸易中强调生态文明理念，加强生态环境治理、生物多样性保护和应对气候变化等领域合作。自 2013 年以来，中国政府相继出台一系列政策文件，包括《对外投资合作环境保护指南》《关于推进绿色“一带一路”建设的指导意见》《“一带一路”生态环境保护合作规划》等，以引导企业积极履行环境保护社会责任，并严格保护生物多样性和生态环境。“一带一路”倡议以绿色发展理念为引领，注重经济社会发展与生态环境保护相协调。在推动共建“一带一路”高质量发展的要求下，绿色工程有了新的链接，其内涵也得到进一步拓展。

106. 绿色“一带一路”的缘起与内涵是什么?

绿色“一带一路”起缘于全球绿色低碳发展趋势。在“一带一路”建设的总体要求下,突出了生态文明理念、推动绿色发展和共同建设绿色丝绸之路的特点,由此,绿色“一带一路”应运而生。2017 年环境保护部、外交部、国家发展改革委、商务部联合发布《关于推进绿色“一带一路”建设的指导意见》,正式提出建设绿色“一带一路”,并明确了绿色“一带一路”建设的初步思路。绿色“一带一路”建设以《推动共建丝绸之路经济带和 21 世纪海上丝绸之路的愿景与行动》《关于推进绿色“一带一路”建设的指导意见》《“一带一路”生态环境保护合作规划》等为蓝图。

绿色“一带一路”注重生态文明理念、经验和实践,涉及经济、政治、文化、社会各个方面,其核心是通过绿色发展形成对“一带一路”高质量发展的支撑、服务、保障作用。绿色“一带一路”强调以生态文明、绿色发展等理念为指导,提升政策沟通、设施联通、贸易畅通、资金融通及民心相通的绿色化水平,将生态环保融入“一带一路”建设的各个方面以及全过程中。从其目标来看,绿色“一带一路”围绕构建人类命运共同体目标,发挥生态环保、绿色发展国际合作和引导全球治理的作用。就其功能而言,绿色“一带一路”加强了“一带一路”沿线国家的发展伙伴关系,提供了绿色发展公共产品,通过协同落实《联合国 2030 年可持续发展议程》和《巴黎协定》,从而逐步推进“一带一路”沿线绿色发展进程和全球环境治理体系的有效契合。

绿色“一带一路”的内涵是不断发展的。2017 年,习近平主席在首届“一带一路”国际合作高峰论坛作主旨演讲时强调要践行绿色发展的新理念,倡导绿色、低碳、循环、可持续的生产生活方式,加强生态环保合作,建设生态文明,共同实现 2030 年可持续发展目标。2019 年,习近平主席在第二届“一带一路”国际合作高峰论坛上强调要坚持开放、绿色、廉洁理念,把绿色作为底色,推动绿色基础设施建设、绿色投资、绿色金融，保护好我们赖以生存的共同家园。2020 年 9 月，习近平主席在第七十五届联合国大会一般性辩论上发表讲话宣布，中国将提高国家自主贡献力度，采取更加有力的政策和措施，二氧化碳排放力争于 2030 年前达到峰值，努力争取 2060 年前实现“碳中和”。过去几年的成功实践表明，绿色“一带一路”是完善全球治理体系的中国智慧和中国方案，是解决当今世界难题、消弭全球乱象的“中国钥匙”。绿色“一带一路”是中国实际参与全球治理、改革全球治理体系的重要路径以及推动全球发展合作的机制化平台。在新冠疫情下，全球治理改革和经济复苏的进程中，绿色“一带一路”更加凸显其生态文明底色。后疫情时代如何在促进经济社会发展、气候与环境治理和推进绿色转型之间维持平衡是重要挑战，也是深化绿色“一带一路”内涵的关键。

绿色“一带一路”的提出具有深刻的国际背景。近年来，全球秩序正在进行深刻复杂的转型，特别是在全球环境治理和可持续发展领域。随着全球绿色发展制度形成了一系列新的国际制度和规则，全球碳排放和环境容量的约束性持续加强，全球绿色发展的竞合趋势日益明显，绿色发展已成为世界各国发展的普遍共识和最大利益契合点[43]。以生态文明为核心的绿色“一带一路”建设顺应了各国对生态良好的文明发展道路的现实需求，特别是深化了绿色现代化路径，为广大发展中国家探索可持续和高质量的现代化之路提供了有益借鉴。绿色“一带一路”的提出也具有深厚的国内背景。党的十八大以来，习近平总书记对生态文明建设及环境治理提出的一系列新思想，作出一系列新部署，坚持走生态优先、绿色发展之路，推动形成人与自然和谐共生的新格局，并形成了习近平生态文明思想，为中国生态环境保护和环境国际合作提供了重要指引。近年来，中国一直积极参与全球环境治理，引导应对气候变化国际合作，积极推进全球生态文明建设。绿色“一带一路”顺应了国际社会对中国在环境与可持续发展方面作出更多贡献的普遍期待[44]。

107. “双碳”目标下的“一带一路”新能源合作契机是什么？

2015 年，我国发布《推动共建丝绸之路经济带和 21 世纪海上丝绸之路的愿景与行动》，提出未来要积极开展区域电网升级改造合作，扩展相互投资领域，积极推动水电、核电、风电、太阳能等清洁、可再生能源合作。2017 年国际合作高峰论坛中提出持续推进“一带一路”电力互联互通建设，加强国际产能和装备制作合作。2019 年“一带一路”国际合作高峰论坛提出建设绿色“一带一路”、高质量共建“一带一路”要坚持“绿色”的理念。在 2021 年世界领导人气候峰会上，国家主席习近平提出将生态文明领域合作作为共建“一带一路”重点内容，加强绿色基建、绿色能源、绿色金融等领域合作，让绿色切实成为共建“一带一路”的底色。为此，可以预见，在“双碳”目标下，中国不仅积极推动本国减碳工作，为“一带一路”沿线国家在应对气候变化方面作出积极贡献，也为国际能源合作带来新契机。

“一带一路”沿线国家中大多数国家均为新兴经济体与发展中国家，普遍存在能源普及率低、人均能源消耗量少的问题。在面对国际能源转型的趋势下，这些共建国家具有非常迫切地新能源合作建设的需求。在“双碳”目标驱使下，“一带一路”沿线国家对清洁能源的电力需求有望持续增长，预计到 2030 年，将会有数百亿美元的新能源投资市场。许多沿线国家位于生态环境脆弱的地区，高度依赖传统能源，优化能源结构和增大新能源比例刻不容缓。为此，许多国家将国家能源战略调整为发展可再生能源。我国企业借助当地政策优势，从国际资源开发和国际市场运作抓住新能源市场开发机会，如将当地丰富的风电、光伏等潜在资源潜力转换为经济资源等。另外，新能源项目投资规模较大，通常需要产融结合，以产助融。在产业层面，中国能为沿线国家提供金融服务，如建设本地金融机制支持和发起绿色投资基金等；在企业层面，加强与国际银行和保险机构合作，通过直接投资、技术入股、股权投资等多种方式参与国际能源合作，盘活我国新能源的产能制造、技术装备、工程服务、经营管理等优势资源。

推进“一带一路”沿线国家的能源结构升级化和绿色化是绿色“一带一路”建设的核心工作，中国也会在“双碳”目标下，发挥气候领域的大国影响力，抓住机遇，为共建国家低碳化转型和能源结构转型贡献力量[45]。

108. “一带一路”背景下的绿色基础设施建设发展情况如何？

绿色基础设施将成为共建绿色、健康、智力、和平的“一带一路”的必然趋势。一方面，完善的基础设施能够提供便利的生产条件、交通运输条件以及通信条件等，从而降低贸易成本，吸引资本流入，推动国家经济增长；另一方面，基础设施项目建设具有投资规模大、建设和运营周期长、外部性强等特点，其对生态环境的影响较大，有时甚至是不可逆的破坏性影响。因此，全球建设绿色基础设施势在必行，其对社会环境的可持续性，有利于减少对生态的影响和破坏。

在推动绿色基础设施建设方面，中国企业承建和设计“一带一路”项目时，在促进当地经济发展的同时，充分考虑生态因素，实施了一批绿色、低碳、可持续的清洁能源项目，建设了大量太阳能、风能等可再生能源项目。“一带一路”倡议为全球新兴和发展中经济体建设低碳基础设施提供了重要机遇。世界经济论坛最新发布《促进“一带一路”倡议绿色发展：发挥金融和技术的作用，推动低碳基础设施建设》，此报告阐明了这一新的发展模式的绿色潜力。报告突出强调“一带一路”绿色投资原则的“2023 年愿景”（Vision 2023）行动计划，该原则是在世界经济论坛气候行动平台框架下共同制定的。

2022 年 4 月，国家发展改革委等四部门联合印发《关于推进共建“一带一路”绿色发展的意见》（以下简称《意见》）。该《意见》指出，“作为绿色丝绸之路建设的顶层设计，对于践行绿色发展理念，推进生态文明建设，积极应对气候变化，维护全球生态安全，推进共建‘一带一路’高质量发展，构建人与自然生命共同体具有重要意义”。国家发展改革委国际合作中心研究员张继栋说，基础设施互联互通是“一带一路”建设的优先领域，作为经济发展的“主动脉”，基础设施的可持续性在“一带一路”建设过程中起着至关重要的作用。中国提出“一带一路”倡议后，就将“绿色、健康、智力、和平”的理念融入“一带一路”建设。把绿色融入发展理念当中，是中国几十年积累的丰富经验总结，也是作为大国的担当。

109. “一带一路”背景下的绿色金融发展情况如何?

2016 年 8 月，中国人民银行等七部委联合发布《关于构建绿色金融体系的指导意见》，指明绿色金融发展的总体思路。同年，中国将绿色金融首次列为 G20 国家领导人峰会的重要议题。自 2017 年起，中国人民银行等相关部门每年出版《中国绿色金融发展研究报告》，旨在推动绿色金融高质量发展。在“一带一路”建设推进过程中，中国主动将绿色金融概念引入绿色产业，控制并减少污染型投资。近年来，我国初步构建了系统性推动绿色金融发展的政策框架，是第一个定义绿色信贷及制定其标准的国家，形成全球最大的绿色债券市场之一。2017 年 11 月，中国金融学会绿色金融专业委员会（简称中国绿金委）和欧洲投资银行在第二十三届联合国气候大会（COP23）联合发布了《探寻绿色金融的共同语言》白皮书，对国际不同绿色债券建立统一标准。据统计，2018 年，我国在境内市场和境外市场共发行了 2 826 亿元人民币绿色债券，同比增长 12%，占全球 18%。经过三年运作，我国境内绿色债券存量规模已经接近 6 000 亿元人民币，规模也位居世界前列。2020 年 4 月 10 日，中、英两国共同主持了“一带一路”绿色投资原则（GIP）指导委员会，旨在通过“一带一路”政策沟通、设施联通、贸易畅通、货币流通和民心相通的不断深入，鼓励沿线地区大力发展绿色金融，推动可持续经济的发展[46,47]。

110. “一带一路”沿线境外绿色工业园区的可持续发展与挑战有哪些？

自“一带一路”倡议提出，我国企业在“一带一路”沿线国家建设的工业园区数量倍增，共 60 家，涉及 30 个国家，入园企业超过 3 800 家，投资规模约 240 亿美元，约为中国企业对“一带一路”沿线国家的直接项目中占比 33%的资金，工业园区是承载中国与境外国家开展产能合作和投资平稳的有效载体，园区的能源消费总量的比重在境外园区中超过 90%，碳排放强度远超世界平均水平。我国在 2016 年已签署《巴黎协定》，成为应对气候变化的人类命运共同体之一。为此，“一带一路”沿线的境外工业园区面临着迫切转型，使其达到绿色和可持续地高质量发展的需求。境外绿色工业园区的绿色发展具有多维性，以现有的境外工业园区产业类型划分，分为重工业园区（11 家）、轻工业园区（43 家）、高新技术园区（2 家）及综合产业园区（4 家）。从地域分布来看，轻工业园主要分布在东南亚、南亚和非洲地区，重工业园区也主要分布在东南亚地区。境外绿色工业园区的分布特征和中国企业“走出去”进行国际产能合作的过程，与“一带一路”沿线国家发展阶段和能源分布息息相关。例如，中国印尼青山园区拥有较好的资源环境条件，绿色转型程度高，打造成中印双边的国际产能和装备制作合作的示范区和产业合作平台，被印尼工业部评为“工业园区新秀奖”。基于大量研究，“一带一路”沿线境外绿色工业园区以可持续发展为目标，以高效利用能源、循环利用资源、绿色化产业和运维管理、可持续基础设施为发展路径，增强园区的绿色管理能力，推动园区以绿色技术创新与推广应用为支撑的发展模式。境外绿色工业园区的发展也充满挑战，政府职能的监管不到位，园区规划缺乏系统性和整体性，存在不合理的产业结构，难以构建产业间的循环链接，资金投入不足等相关问题亟待增强[48]。

111. 绿色“一带一路”建设如何助力全球应对气候变化及可持续发展?

《中共中央关于制定国民经济和社会发展第十四个五年规划和二〇三五年远景目标的建议》明确指出，“推动共建‘一带一路’高质量发展”。在全球应对气候变化大背景下，中国提出2030年前“碳达峰”和2060年前“碳中和”目标，对内明确了能源转型的阶段性目标，对外提出进一步加强绿色“一带一路”国际合作。目前，中国—东盟已形成稳定的环保合作机制。一是达成绿色低碳发展共识。为完成《巴黎协定》目标，中国和东盟相继提出低碳发展目标。中国提出2030年前二氧化碳排放达到峰值，2060年前实现“碳中和”。二是建成国家层面的环保合作框架。2003年，中国和东盟启动环境政策对话。2007年，第十一次中国—东盟领导人会议提出成立中国—东盟环境保护合作中心并制定合作战略，此后，双方环保合作正式上升到国家战略层面。自2009年开始，中国和东盟陆续出台环境保护合作战略等政策，深化双边环保合作。三是绿色“一带一路”建设提供合作平台。2017年，中国提出绿色“一带一路”建设，东盟作为“一带一路”建设的重要推进区域，已与中国签署了“一带一路”相关合作文件，双方秉持绿色发展理念，借助“一带一路”绿色发展国际联盟和“一带一路”生态环保大数据服务平台方加强环保合作。

绿色“一带一路”建设助推共建国家能源绿色化转型。近年来，我国每年向沿线国家出口大量的绿色能源设备，如光伏和风电设备，实现区域能源基础设施规模化建设，降低能源使用成本，发挥我国远距离输电的技术优势，推进跨国区域电网升级改造，实现区域供电供需平衡。在此基础上，绿色“一带一路”的实施利于统一调配实现系统优化，编制统一的输电技术标准。

绿色“一带一路”助推沿线国家开展国际合作。应对气候变化的根本选择在于推动能源创新技术，主要希望通过构建能源技术研发、示范和应用平台，从而实现信息共享、人才交流、成果转化等方面，最大限度上建立能源技术对接机制，进而消除技术合作壁垒，同时加强对“一带一路”沿线国家的人才培训方面合作，鼓励“走出去”能源企业加大对员工的培训力度，打造高素质的人才队伍，提升沿线国家人员能力，有助于绿色“一带一路”合作项目落地[49]。

参考文献

[1] 徐士琴. 绿色低碳园区的现状与展望[J]. 上海节能，2019（6）：438-440.

[2] 王敏正，万安培. 节约型社会辞典[M]. 北京：中国财政经济出版社，2006.

[3] 谢斐，牟思思. 国内外零碳产业园区建设情况及政策启示[J]. 当代金融研究，2022，5（12）：66-73.

[4] 王雪珍，姜山，刘佳程. 基于制造业价值链的区域绿色制造水平评价——以宁波市为例[J]. 生态经济，2022，38（1）：47-52.

[5] 常艳苹. 绿色化工技术在化学工程中的发展路径分析[J]. 化工设计通讯，2021，47（12）：83-84.

[6] 郜学. 标准引领钢铁工业绿色发展[J]. 信息技术与标准化，2019（7）：58-62.

[7] 董晓. 城市绿色交通发展水平评价及对策研究[D]. 徐州：中国矿业大学，2018.

[8] 徐立芬. 绿色公路建设影响因素与激励机制研究[D]. 重庆：重庆交通大学，2021.

[9] 李金华. 中国绿色制造、智能制造发展现状与未来路径[J]. 经济与管理研究，2022，43（6）：3-12.

[10] 郝静，孙兵. 国际绿色制造认证评价成果研究与借鉴[J]. 信息技术与标准化，2019（7）：52-57.

[11] 王喜刚，王梦杰. 我国绿色制造存在的问题和发展路径[J]. 低碳世界，2021，11（8）：21-22.

[12] 饶淑玲，陈迎. 中国绿色金融：现状、问题与建议[J]. 阅江学刊，2019，11（4）：28-38.

[13] 薛朋. 韩国低碳绿色增长战略研究[D]. 长春：吉林大学，2011.

[14] 贾建辉，陈建耀，龙晓君. 水电开发对河流生态环境影响及对策的研究进展[J]. 华北水利水电大学学报（自然科学版），2019，40（2）：62-69.

[15] 周磊. 绿色化学的若干衡量指标[J]. 大学化学，2021，36（6）：63-70.

[16] 赵鹏雷，张意玫，姜伟. 碳中和背景下风力发电建设项目环境影响评价研究[J]. 环境保护与循环经济，2021，41（5）：108-110.

[17] 赵冬利，薛博. 风力发电项目建设应注重环境影响控制措施[J]. 能源与节能，2020（2）：73-74.

[18] 靳绍鹏，陈智清，赵龙，等. 光伏发电建设项目生态环境影响防控分析[J]. 能源与节能，2020（11）：59-60.

[19] 崔小爱. 生活垃圾焚烧发电项目环境影响及保护对策研究[D]. 南京：南京农业大学，2013.

[20] 陈平. 生活垃圾焚烧发电厂环境风险评价及防范措施[J]. 中国资源综合利用，2020，38（10）：115-117.

[21] 何丽芳. 我国工业园区水污染现状及防治措施[J]. 当代化工研究，2020（3）：97-98.

[22] 周卫军，韩砚，裘晓彤，等. 铁路建设项目环境影响及对策措施[J]. 中国铁路，2020（8）：23-29.

[23] 王明慧. 高速铁路对生态环境的影响与环保贡献分析[J]. 铁道建筑技术，2015（4）：85-88.

[24] 李欣. 高速公路建设对生态环境的影响及治理措施[J]. 交通世界，2019（10）：162-163.

[25] 何景师，王术峰，徐兰. 碳排放约束下我国三大湾区城市群绿色物流效率及影响因素研究[J]. 铁道运输与经济，2021，43（8）：30-36.

[26] 张川，章艳华，宫玮，等. 2019 版绿色建筑评价标准下的绿色建筑评价流程与要点[J]. 建设科技，2019（20）：23-25.

[27] 仇铭华. 绿色施工导则[J]. 施工技术，2007，36（11）：1-5.

[28] 郝永池. 绿色建筑与绿色施工[M]. 绿色建筑与绿色施工，2015.

[29] 张希黔，林琳，王军. 绿色建筑与绿色施工现状及展望[J]. 施工技术，2011，40（8）：1-7.

[30] Crawley D，Aho I. Building environmental assessment methods：Applications and development trends[J]. Building Research & Information，1999，27（4-5）：300-308.

[31] Council U G B. Leadership in energy and environmental design（LEED）[Z]. 2001.

[32] 贾洪愿，喻伟，张明，等. 中国与新加坡绿色建筑评价标准体系对比[J]. 暖通空调，2014（11）：22-29.

[33] 崔元锋，严立冬，陆金铸，等. 我国绿色农业发展水平综合评价体系研究[J]. 农业经济问题，2009，30（6）：29-33.

[34] 郭迷. 中国农业绿色发展指标体系构建及评价研究[J]. 北京：北京林业大学，2011.

[35] 武倩，李茜. 国内绿色农业发展绩效评价研究评述[J]. 农业与技术，2015，35（9）：13-15.

[36] 贡长生. 绿色化学化工过程的评估[J]. 现代化工，2005（2）：67-69.

[37] 环境保护部. 清洁生产评价指标体系编制通则（试行）[J]. 设备管理与维修，2013（9）：74-76.

[38] 彭玉芝，周欣锐，于江，等. 绿色小水电评价标准及制度探究[J]. 长江科学院院报，2018，35（8）：139-144.

[39] 贾宝真，禹雪中. 国内外水电环境及可持续性评价标准的比较[J]. 水力发电，2013，39（4）：13-16.

[40] 程超，周渝慧，岳开伟，等. 城市绿色电力战略环境评价指标体系[J]. 中国电力，2012，45（3）：76-80.

[41] 王伟，牛东晓. 电网工程绿色化评价体系研究[J]. 华东电力，2013，41（12）：2602-2604.

[42] 杨檬，李胡升. 《绿色工厂评价通则》国家标准解读[J]. 信息技术与标准化，2019（7）：32-35.

[43] 于宏源，汪万发. 绿色“一带一路”建设：进展、挑战与深化路径[J]. 国际问题研究，2021（2）：114-129.

[44] 杜忠明. 一带一路绿色电力合作大有可为[J]. 新能源科技，2021（10）：33-34.

[45] 付文利. 碳中和目标下的“一带一路”新能源合作契机[J]. 当代石油石化，2021，29（10）：38-42.

[46] 郭道玥. “一带一路”倡议下绿色金融的可持续发展[J]. 时代金融，2020（23）：14-15.

[47] 曹明弟，董希淼. 绿色金融与“一带一路”倡议：评估与展望[J]. 中国人民大学学报，2019，33（4）：2-9.

[48] 王芳，焦健，熊华文，等. “一带一路”中国境外工业园区绿色可持续发展研究[J]. 中国能源，2020，42（9）：43-47.

[49] 刘建国. 绿色“一带一路”建设助力全球应对气候变化及可持续发展[J]. 中国远洋海运，2021（4）：54-56.